中公新書 2465

吉田 裕著

日本軍兵士

——アジア・太平洋戦争の現実

中央公論新社刊

はじめに

日本がアメリカ・イギリス・中国などの連合国との間で戦火を交えたアジア・太平洋戦争。一九四一年一二月八日に始まり、四五年八月一五日に終結、その後も戦闘が続いた地域もあったが、九月二日には日本政府が降伏文書に調印した戦争である。戦闘が行われたのは、東はハワイ諸島、西はインド、北はアリューシャン列島から中国東北地方（旧・満州）、南はオーストラリア北岸に及ぶ広大な地域である。

戦没者数は、日本だけでも軍人・軍属が二三〇万人（日中戦争期を含む）、民間人が八〇万人、合計三一〇万人に達する。日露戦争の戦死者数九万人と比べてみるといかに大規模な戦争だったかが、よく理解できる。

この戦争に関しては、すでに多くのことが論じられてきた。本書では従来の議論を踏まえた上で、切り口を大きく変えて次の三つの問題意識を重視しながら、凄惨な戦場の現実を歴史学の手法で描き出してみたい。それは、戦後歴史学を問い直すこと、「兵士の目線」で「兵士の立ち位置」から戦場をとらえ直してみること、そして、「帝国陸海軍」の軍事的特性との関連を明らかにすることである。

一つ目から具体的に説明しよう。戦後歴史学の原点は、悲惨な敗北に終わった無謀な戦争への反省だった。その限りでは、戦後歴史学は戦争を正当化したり美化することとは無縁の存在だった。

しかし、戦後の歴史研究を担った第一世代の研究者が戦争の直接体験者であったために、平和意識がひときわ強い反面で、軍事史研究を忌避する傾向も根強かった。その結果、ある時期まで軍事史研究は、防衛庁防衛研修所（現・防衛省防衛研究所）などを中心にした旧陸海軍幕僚将校グループによる「専有物」だった。

このような状況に変化が現われるのは一九九〇年代に入ってからである。戦争体験をまったく持たない戦後生まれの研究者（私もその一人）が、空白の軍事史に関心を向け、社会史や民衆史の視点から戦争や軍隊をとらえ直す研究に本格的に取り組み始めたからである。その結果、軍事史研究は大きな進展をみせるようになった。

また、特に東アジア地域で歴史認識問題が国際的にも大きな争点になり、侵略戦争の実態の解明が、戦争犯罪研究を中心にして急速に進んだ。振り返ってみれば、この時期は戦後歴史学にとって大きな転換点だった。
とはいえ、そこには大きな欠落があることも否定できない。元防衛大学教授の田中宏巳は、次のように指摘している。

日本では、開戦に至る経緯と終戦およびその後の占領政策に関する研究が盛んで、政治史や近代史の研究者が非常に沢山の成果をあげてきた。しかし開戦と終戦の間、つまり煙管の筒の部分である戦争そのものを取り上げる研究者は少ない。戦争を対象にするのは「戦史」で、それは政治学や歴史学を専攻する研究者のやることではないとでも考えているのか、手をつけようとしない。

(『マッカーサーと戦った日本軍』、二〇〇九年)

もちろん、「煙管の筒」の時期に関しても、政治史、外交史、経済史、文化・思想史など、分厚いといってよい研究の蓄積がある。だが、戦史に関しては田中の指摘の通りだろう。本書では、歴史学の立場から「戦史」を主題化してみたい。
二つ目は、「兵士の目線」を重視し、「兵士の立ち位置」から、凄惨な戦場の現実、俳人であり、元兵士だった金子兜太のいう「死の現場」を再構成してみることである。

戦後の代表的な戦史研究としては、防衛庁防衛研修所戦史室が編纂した『戦史叢書』全一〇二巻（一九六六～八〇年）をあげることができる。刊行中に研修所は研究所に戦史室は戦史部に改組されるが、当時は部外者がほとんど見ることができなかった膨大な量の一次史料に基づく大作であり、労作である。

しかし、この『戦史叢書』は、旧陸海軍の幕僚将校だった戦史編纂官が書いた戦史、軍中央部の立場からみた戦争指導史という性格を色濃く持っている。また、勇敢に戦った「帝国陸海軍」の将兵を顕彰するという性格も否定できない。実際、第一線で戦った将兵から見れば、同書の叙述には一方的で恣意的なところがあり、戦場の現実を反映していないという批判が刊行中から存在する。

たとえば、中国戦線を転戦した元陸軍大尉で戦後は陸上自衛隊に入隊した佐々木春隆は、『戦史叢書』を参照しながら、自分自身の体験に基づいた戦記をいくつも書いている。その佐々木は、「〝参加した作戦の公刊史〔『戦史叢書』〕を読むほど腹立たしいことはない〟と言われる」とまで言い切っている（『B29基地を占領せよ』、二〇〇八年）。『戦史叢書』のこのような限界を克服するためには、次の二つの方法が考えられる。

一つは、連合軍側の記録と突き合わせることによって、旧軍関係史料を相対化するという方法である。軍事史研究者の秦郁彦が先鞭をつけたこうした研究は、中国や植民地だった朝鮮・台湾の記録との突き合わせが立ち遅れているという問題をはらみながらも、近年、急速に進んだ。戦史部を改組した戦史研究センター自身が、最近では海外の研究者との研究交流を重視しているのも、その現われだろう。

もう一つは「兵士の目線」を重視し、「死の現場」に焦点をあわせて戦場の現実を明らかにする方法である。すでに述べたように本書はこの方法をとるが、その際、従来ほとんど取り上げられることがなかった兵士の身体をめぐる諸問題、すなわち、被服、糧食、体格の問題、メンタルな面も含めた健康や疾病の問題にも目を配りたい。

三つ目の問題意識は、「帝国陸海軍」の軍事的特性が「現場」で戦う兵士たちにどのような負荷をかけたのかを具体的に明らかにすることである。兵士たちの置かれた苛酷な状況と「帝国陸海軍」の軍事的特性との関連を明らかにすると言い換えてもいい。

旧軍出身者である陸上自衛隊の池之上貞巳・二佐は、敗戦の記憶がまだ生々しかった時代に、ニューギニアやソロモン諸島の戦闘を念頭に置きながら次のように指摘している。

太平洋戦争の敗因は人力馬力がエンジンの力に負けた結果であるとも言えると思う。最も苛烈なる猛闘を繰返した南西太平洋の戦闘は当初先ず制空権の争奪から始められた。制空権の争奪は更に飛行場の設定速度の競争から始まった。その速度の競争は何で勝負が決ったのか？　それは人力による土工作業とブルトーザーやダンプトラック等によるいわゆる機械力作業とのスピードの勝負であった。

（「兵站地帯の常識〈第1回〉」、『幹部学校記事』第一二号、一九五四年）

機械化の面での日米格差に注目した鋭い分析である。もちろん、こうした日米の軍事的・経済的格差については、いままでに多くの著作で言及されてきた。しかし、その問題だけではなく、「帝国陸海軍」の軍事思想の特質や天皇も含めた戦争指導のあり方、軍隊としての組織的特性などの問題もあわせて重視したい。

この問題にこだわるのは、「死の現場」の問題をもう少し大きな歴史的文脈のなかに位置付けてみたいと思うからである。こうした分析を通して、アジア・太平洋戦争における凄惨な戦場の実相、兵士たちが直面した過酷な現実に少しでもせまりたい。

目次

日本軍兵士——アジア・太平洋戦争の現実

終章　深く刻まれた「戦争の傷跡」……199

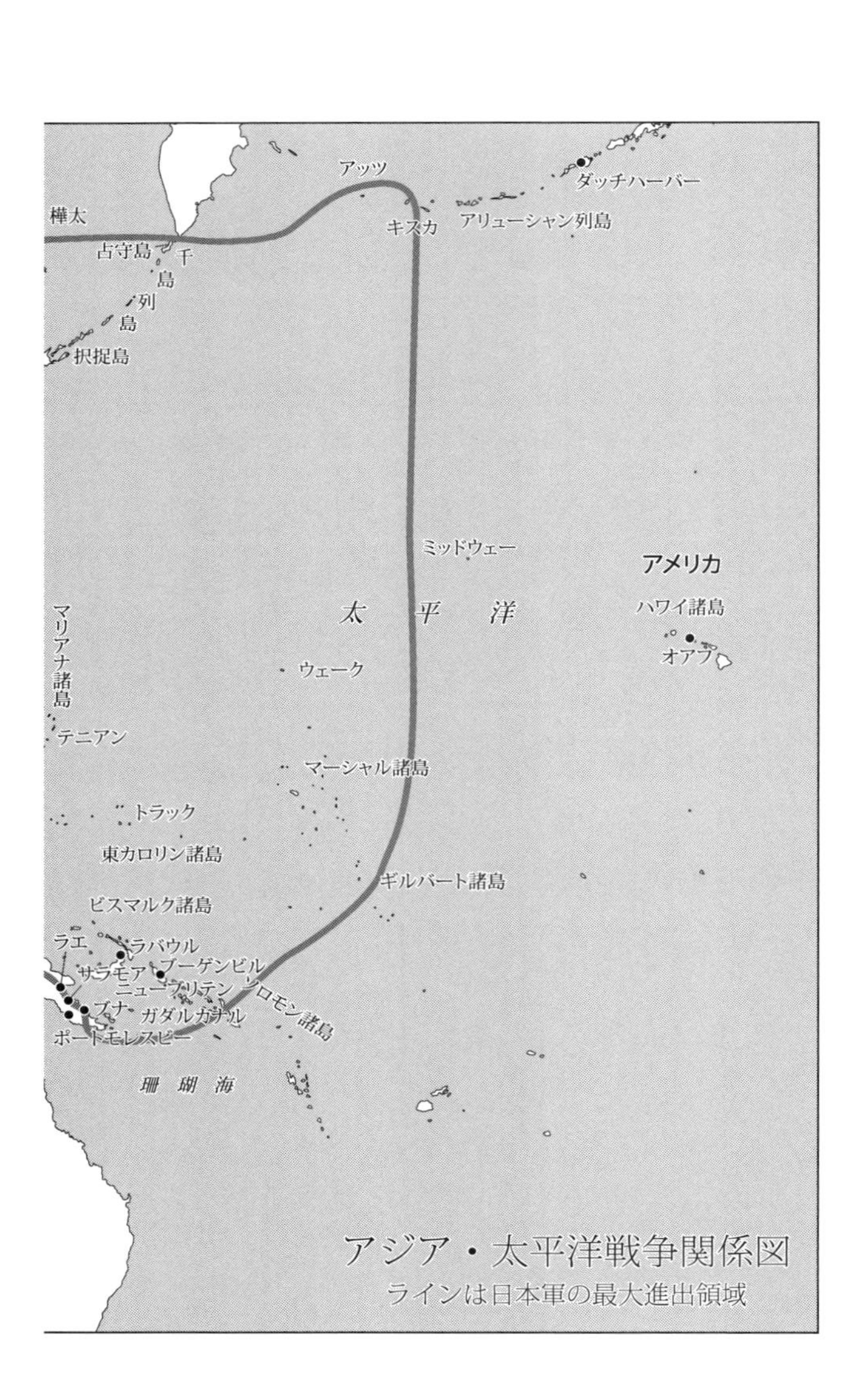

アジア・太平洋戦争関係図
ラインは日本軍の最大進出領域

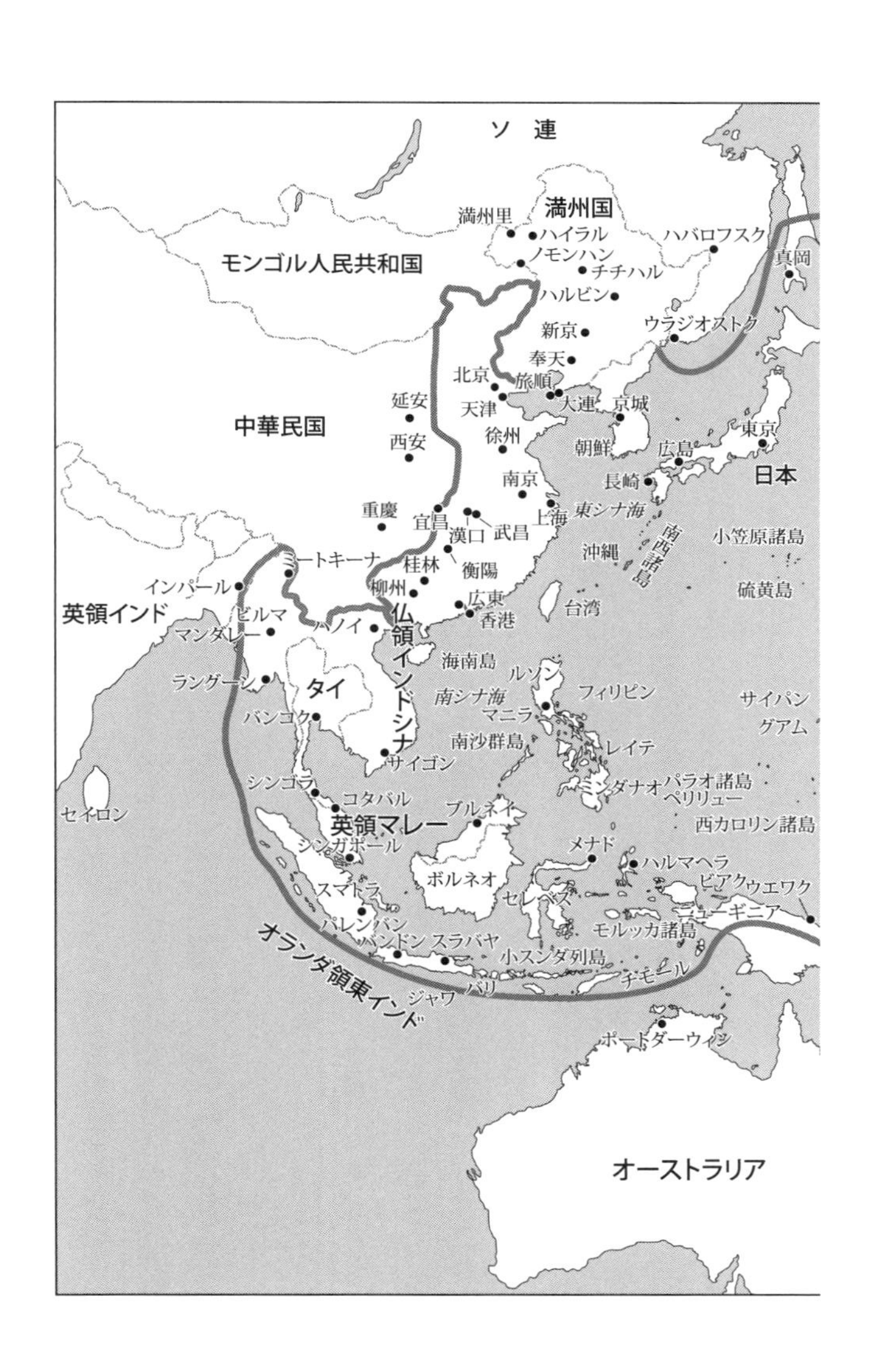
ソ　連
満州国
満州里
ハイラル
ノモンハン
チチハル
ハバロフスク
真岡
モンゴル人民共和国
ハルビン
新京
ウラジオストク
奉天
北京
旅順
天津
大連
京城
延安
中華民国
西安
徐州
朝鮮
広島
東京
南京
長崎
日本
重慶
宜昌
漢口
武昌
上海
東シナ海
南西諸島
小笠原諸島
ミートキーナ
桂林
衡陽
沖縄
インパール
柳州
広東
硫黄島
英領インド
ビルマ
仏領インドシナ
香港
台湾
マンダレー
ハノイ
海南島
ルソン
ラングーン
タイ
南シナ海
フィリピン
サイパン
バンコク
マニラ
グアム
南沙群島
レイテ
サイゴン
シンゴラ
ミンダナオ
パラオ諸島
ペリリュー
セイロン
コタバル
ブルネイ
英領マレー
西カロリン諸島
シンガポール
メナド
ハルマヘラ
ボルネオ
ビアク
ウエワク
スマトラ
セレベス
ニューギニア
パレンバン
モルッカ諸島
オランダ領東インド
バンドン
スラバヤ
小スンダ列島
チモール
ジャワ
バリ
ポートダーウィン
オーストラリア

日本軍兵士——アジア・太平洋戦争の現実

凡　例

・本書では読みやすさを考慮して、引用文中の漢字は原則として新字体を使用し、片仮名は平仮名に、歴史的仮名遣いは現代のものに、また一部の漢字を平仮名に改めた。読点やルビも追加した。
・引用文中には、現在では不適切な表現があるが、歴史史料としての性格上、原文のままとした。
・軍人の階級については敗戦時の最終階級ではなく、原則的に当時のものを記した。
・〔　〕は筆者による補足である。
・敬称は略した。

序章

アジア・太平洋戦争の長期化

行き詰まる日中戦争

一九三七年七月に始まった日中戦争は、四〇年に入ると、行き詰まりの様相を呈していた。日本軍による大規模な進攻作戦の時代はほぼ終わりを告げ、中国各地の日本軍は占領地を防衛するための「高度分散配置」態勢に移行していた。

高度分散配置とは、小兵力の多数の部隊を広範な地域に分散して警備にあたらせる態勢のことである。一九四〇年の段階では、中国戦線（満州を除く）には約六八万人の陸軍部隊が派遣されている。このうち抗日ゲリラの活動が活発な華北を例にとると、配備されている兵力は約二五万人であり、警備地区一平方キロメートルあたりの兵力数はわずか〇・三七人、歩兵一個大隊（八〇〇人前後）の兵力で平均して二五〇〇平方キロメートルの地域を警備していたことになる（『兵士たちの戦場』）。

また、一九三九年五月から山西省で警備にあたっていた第三七師団を見てみると、一万四三四七人の兵員が、駐屯地数一〇五ヵ所、陣地数一二九ヵ所、合計二三四ヵ所もの小単位に分駐し、八万九八〇〇人とみられる中国軍と対峙（たいじ）していた（『春訪れし大黄河』）。日本軍兵士の多くは警備地区内の要所要所に構築された小規模陣地に分散して配置され、先の見通しもつかないまま日々警備にあたっていたのである。

北支那方面軍司令部も現状の厳しさを理解し始めていた。一九四一年一〇月三日、北支那方面軍参謀長、田辺盛武中将は、日本軍占領地における中国人が、「その総力を発揮して」日本軍の治安維持活動に協力することがなければ、「広大なる北支の地域において限定せる我が国力をもって、これが建設のすべてを担当せんとするがごときは困難」であり、「北支施策の成否は」、「中国側民心の獲得」と彼らの「協力熱意のいかんに」にかかっているとした（「兵団長会同席における方面軍参謀長口演要旨」）。しかし、〝征服者〟にとって、それはきわめて困難な課題だった。

他方で「高度分散配置」の下での戦争の長期化は兵士たちの戦意を次第に蝕んでいった。支那派遣軍総司令部がまとめた報告書、「中支那における軍人軍属思想状況　半年報」（一九四一年八月二〇日付）は、「思想動向は一般に穏健かつ士気旺盛」としながらも、長期の駐留の結果、一部の者の間には「厭戦的思想」をうかがわせるものがあるとして、次のように述べていた。

即ち犯罪、通信、言動等を通じて考察するに軍隊生活を厭忌しあるいは慕郷の念

に駆られて逃亡離隊し、あるいは出征当時の堅き決意を忘却して
○凱旋希望
○戦争（軍隊生活）倦怠、嫌忌
○進級給与に対する不平不満
○上官誹謗
等の要注意言動、通信をなす者等を散見す。

事実、郵便検閲で摘発された兵士の郵便のなかには、「戦地に三年三ケ月もいれば故郷へ帰りたい気持ちばかりです。東洋平和のためとか国のためとか、上辺だけ皆一流の事は言っているが、本心は皆故国の事を考えて帰りたがっている」、「急にセンチになり故郷が恋しい、ある時は興奮して夢を見たり、無性に故郷が恋しくなったりする。あゝ恋しい故郷！　今頃は帰れると思っていたのに全く神も仏もない」といったものがあった。

前線の状況も苛酷さを増しつつあった。一九四〇年の五月から七月にかけて実施された宜昌作戦は中国軍の主力を撃破することを目的としていた。揚子江の上流にある遠

隔地への進攻作戦だったため、当初の作戦計画では宜昌を占領して街を徹底的に破壊したのちに、日本軍は同地から撤退するはずだった。それが、中国奥地の爆撃のため、ここに飛行場を設定したい海軍の強い要望に昭和天皇が同調したため、一転して宜昌を確保する作戦に変わる。その結果、日本軍は苦戦をよぎなくされるが、そもそも遠隔地への進攻作戦自体に無理があった。

第三四師団歩兵第二一六連隊の戦記は、宜昌に向かう長い行軍の状況について次のように記している。なお、同書によれば、一人ひとりの兵士が多くの弾薬や食糧、日用品などを携行したため、「この時の各兵士の装具の重量は小銃を含めて三十キロを軽く越え」たという。

> 灼熱赤土の道を行軍する兵士の中から、日射病・熱射病で倒れる兵士達がぼつぼつあらわれてきた。〔中略〕小銃は肩に喰いこみ帯革〔バンド〕は腰部に擦傷を作る。体重・荷重は両足に物凄い負担をかけ、日に二十キロ近くを行軍するため靴傷〔靴ずれ〕ができる。内地のハイキングで作る豆のさわぎでない。まず水疱(すいほう)状の豆が出来る。それがつぶれる。皮はずるむけになり、不潔な靴下のため潰瘍となりさらに

進行すると〔中略〕完全に歩行はできない。広大な予南平野はたださえ水が乏しい。〔中略〕小休止中、「ドカーン」と物凄い爆発音が聞こえる。「敵襲！」と兵士達は銃を手にして立ち上がる。そうではない。「やったか……」と兵士達は力なく腰を降ろす。中隊長たち幹部がその爆音のした方へ駆け寄る。ああ…。体力・気力の尽き果てた若い兵士〔中略〕が苦しみに耐えかね、自ら手榴弾を発火させ、胸に抱いて自殺をするのである。肉体は焼けただれ、ほとんど上半身は吹き飛び、見るも無惨な最後である。この宜昌作戦間にこの連隊において三十八名の自殺者を出した。

（『歩兵第二百十六連隊戦史』）

日中戦争の行き詰まりに関しては、「大元帥」としての昭和天皇自身も自覚していたようだ。一九四〇年一〇月一二日、昭和天皇は侍従に、「また、支那が案外に強く、事変の見透しは皆があやまり、特に専門の陸軍すら観測を誤れり。それが今日、各方面に響いて来ている」と語っている（「小倉庫次侍従日記」）。

長期戦への対応の不備——歯科治療の場合

問題は長期戦への移行にもかかわらず、軍の内部でそれに対応するための準備が大きく立ち遅れていたことである。ここで戦地医療の問題、それも従来ほとんど取り上げられることのなかった歯科治療の問題を見てみよう。歯科治療は、日本軍の戦地医療のなかでも最も遅れた分野に属していたからである。

陸軍の場合、それまで歯科治療にあたっていたのは、嘱託の歯科医だった。さすがに日中戦争が始まると、陸軍省は一九三八年に中国戦線の部隊に配属する嘱託歯科医を増員したが（『陸軍衛生制度史〔昭和篇〕』）、「戦線にある将兵が非常に多くの齲歯（うし）（虫歯のこと）を持っている」にもかかわらず、人員不足のため前線の野戦病院に歯科医が配属されることはなかった（「野戦病院歯科診療経験」）。そのため、召集された下士官や兵士のなかにいる歯科医が野戦病院などを巡回して臨時の治療にあたっていたようである。

そのような歯科医の一人だと思われる瀬戸安雄は、野戦病院で歯科治療開始の連絡が各部隊に行くと、「今まで歯痛に困っていた将兵が潮の如く我れ先にとやって来た。門前市をなすとはこれの事だろう、我々の方が面喰（めんくら）ったほどだ、準備と言っても不充分だのに、これほど、陣中にある将兵は、歯科治療という事に対して、渇望している」とした上で、次のように書いている。なお、文中の「〇〇」は、いわゆる伏字である（以下、同様)。

それに比し歯科治療と言う事に対しては毛頭考えられていなかった現今の〇〇医学、これで長期戦に入った現在、体力に自信をおけるであろうか、大いに疑問とする所である。

(「野戦歯科治療の現況報告」)

歯科医が必要とされた第一の理由は、戦場特有の事情である。つまり、「何日も戦闘を継続し弾丸雨飛の中で生死の巷を突破している時、口腔の清掃状態も完全に出来得ないのは当然の話」であり(「前線の歯科治療は如何にすべきや――戦線より還り来て」)、戦場では歯磨きをする余裕さえなかった。このため虫歯を持つ将兵が増大したのである。この時期、「現実問題として、軍隊の兵士の七~八割に虫歯や歯槽膿漏」があったとされている(大野粛英『歯』)。

もう一つの理由は、日中戦争以降になって初めて、歯と口を含む顎全体の負傷である顎顔面(がくがんめん)戦傷の専門的治療が始められたことがあげられる(『大東亜戦争陸軍衛生史5』)。そのため口腔外科とその後のリハビリテーションを担当する歯科医の存在が不可欠となったのである。

さらに、大規模な兵力動員によって、年齢が上の召集兵が増大したことも歯科医の増員を促す要因となった。後述する陸軍歯科医将校だった越川兼治は、「召集兵が多くなるにつれ、歯牙欠損の兵が増加し、義歯補綴（てい）〔修理すること〕も必要に迫られました。また、総義歯の兵も入隊してくるようになり」、その対応に追われたと回想している（『太平洋戦争と歯科医師』）。

こうしたなかで、歯科医師会からのたび重なる要望もあって、一九四〇年三月の陸軍武官官等表の改正によって、ようやく陸軍歯科医将校制度が創設され、歩兵などの他の兵科のなかに存在する歯科医師免許状所有者の歯科医将校への転科がはかられるようになった。これによって、数は少ないものの将校の歯科医が誕生する。しかし、歯科医将校は軍医将校とはあくまで区別される存在であり、軍内部における地位は低かった。

また、海軍でも翌一九四一年に海軍軍医学校令を改正して新たに歯科医科が設けられ、四二年には、海軍依託学生出身者三人、嘱託医として勤務中の歯科医および志願者四五人を二年現役士官制度の武官として、海軍歯科医科士官に採用している（『海軍医務・衛生史（Ⅲ）』）。この制度のもとで、陸海軍はアジア・太平洋戦争を戦うことになる。

開戦

一九四一年一二月八日午前二時一五分（日本時間）、日本陸軍の佗美（たくみ）支隊は英領マレー半島、コタバルへの上陸を開始した。続いて、三時一九分には空母から発進した日本海軍の攻撃隊がハワイの真珠湾に対する空爆を開始して、ここにアジア・太平洋戦争が始まった。

この戦争は、日本が日中戦争の行き詰まりを東南アジアにおける新たな勢力圏の獲得によって打開するために開始した戦争だった。また、日米関係に焦点をあわせるならば、満州事変以降の一連の侵略戦争で獲得した権益の確保に、日本があくまで固執したために始まった戦争でもあった。

一九四一年の春から戦争回避のための外交交渉、いわゆる日米交渉が続けられていたが、その最大の争点はアメリカ側が求める日本軍の中国からの撤兵だった。しかし、日本側があくまで駐兵に固執し続けたため、交渉は決裂した。一〇月一八日に首相に就任し陸軍大臣も兼任していた東条英機大将は、一〇月二二日の陸軍省局長会報で、「米国は一言にていえば現状維持、日本は新秩序建設にして、支那事変の処理についても米は今までの結果を全部ご破算にせんとするに対し、日本はこれに全面的に反対しあるわけなり」と説明している。

興味を引かれるのは、一〇月二日の課長会議で、軍務課長の佐藤賢了が、アメリカ側の最低限度の要求について、「従来のたびたびの話しづくによれば、米側は先ず盧溝橋以前の姿に帰れ。内政干渉は不可、武力干渉は認めず、経済的機会均等を与えよという原則に従えというのが米国の限界で、これはなかなか崩そうとしまい」と説明している事実である。

中国からの撤兵というアメリカ側の要求を、佐藤は日中戦争の発端となった盧溝橋事件以前の状態への復帰、言葉を換えて言えば、日本の傀儡(かいらい)政権である満州国と満州への日本軍の駐留は黙認すると理解していたのである（『陸軍省業務日誌摘録　前編』）。

開戦を正式に最終決定した一二月一日の御前会議でも、枢密院議長の原嘉道が、交渉にあたった野村吉三郎駐米大使と来栖三郎特命大使に関して、「特に米が重慶政権を盛立てて全支那から撤兵せよという点において、米が支那という字句の中に満州国を含む意味なりや否や、この事を両大使は確かめられたかどうか」と東郷茂徳外相に問いただしている（『杉山メモ（上）』）。

東郷外相の答弁は要領を得ないものだったが、このことは、満州国の現実の黙認という形で日米間で妥協が成立する可能性が客観的には存在したことを意味する。しかし、日本側が撤兵問題一般にこだわり続けたため、結局、戦争となった。その意味で、アジア・太平洋戦争は日中戦争の延長線上に生まれた戦争だった。

第一・二期——戦略的攻勢と対峙の時期

開戦後の戦局は次の四期に区分することができる。

第一期は開戦から一九四二年五月までの時期であり日本軍の戦略的攻勢期である。この時期に日本軍は東南アジアから太平洋にかけての広大な地域を短期間のうちに占領した。日中戦争以降、軍備の拡充に力を注ぎ実戦の経験を積み重ねてきた日本陸海軍が、戦争準備が立ち遅れ、共同作戦体制も十分には整ってはいなかった米軍・英軍・オランダ軍などを圧倒した時期である。ちなみに、開戦時の日本の戦力は、太平洋地域では陸海軍ともにアメリカのそれを上まわっていた（『戦争の日本史23　アジア・太平洋戦争』）。

第二期は、一九四二年六月から四三年二月までである。第一期の勝利に幻惑された日本軍は、戦線をさらに拡大しようとしたが、米軍を中心にした連合軍が反撃に転じ、日本軍との間で激しいつばぜり合いが行われた。戦略的対峙の時期である。

一九四二年六月のミッドウェー海戦で、日本海軍の正規空母四隻を撃沈して勝利を収めた米軍は、同年八月には、南太平洋、ソロモン諸島のガダルカナル島に上陸する。以後、日米間で同島をめぐる激しい争奪戦が展開された。日本軍も大きな兵力を投入して必死に反撃したが、四三年二月には同島からの撤退をよぎなくされる。

この激しい攻防戦で日本軍は、多数の艦船と航空機、熟練した搭乗員を失い陸上戦でも米軍に完敗した。また、多数の新鋭輸送船の喪失は日本の戦争経済に大きなダメージを与えた。日本の敗勢が明確になるのは、ミッドウェー海戦より、このガダルカナル島攻防戦の敗北によってである。ただし、この時期には米軍の戦力はまだ十分なものではなかった。その米軍を支えたのは、ニューギニアなどで日本軍と交戦したオーストラリア軍だった（前掲、『マッカーサーと戦った日本軍』）。

なお、皇居には、天皇・皇后用の防空施設として御文庫が一九四二年七月に竣工していた（工事着工は四一年五月）。間口七七・五メートル、奥行き二一・四メートル、地上一階、地下二階の施設であり、建物の外壁はカムフラージュのため「迷彩塗料塗り」と

日本隻数（トン数）	米国隻数（トン数）	対米比率 %
単位：千トン 237（1,001）	単位：千トン 345（1,439）	69
236（1,100）	341（1,313）	76
235（1,100）	368（1,471）	75
230（1,004）	366（1,449）	69
232（1,030）	393（1,595）	64
212（1,007）	457（1,810）	56
208（ 996）	661（2,850）	35
186（ 982）	734（3,188）	31
182（ 902）	734（3,188）	28
165（ 879）	791（3,522）	25

数．トン数

なっていた（『昭和天皇実録 第八』）。天皇・皇后が空襲を警戒して御文庫を起居の場とするのは、この第二期末期の一九四三年一月八日からである（『昭和天皇実録 第九』）。

第三期——戦略的守勢期

第三期は、一九四三年三月から四四年七月までである。米軍の戦略的攻勢期、日本軍の戦略的守勢期である。

この時期に戦争経済が本格的に稼働し始めたアメリカは、多数のエセックス級正規空母の就役や新鋭航空機の開発・量産などによって、その戦力を急速に充実させた。その結果、日米間の戦力比は完

0-1　日米海軍戦力の推移

時期	
開戦時	ハワイ攻撃直前（1941年12月8日）
	ハワイ攻撃直後（1941年12月10日）
ミッドウェー海戦頃	ミッドウェー海戦直前（1942年5月末日）
	ミッドウェー海戦直後（1942年6月7日）
ガダルカナル戦頃	ガダルカナル戦直前（1942年7月末日）
	ガダルカナル島撤退時（1943年2月6日）
米軍総反攻期（1944年1月末日）	
マリアナ沖海戦頃	マリアナ沖海戦直前（1944年5月末日）
	マリアナ沖海戦直後（1944年6月21日）
フィリピン作戦直前（1944年9月末日）	

註記：空母（特設・護衛用含む）．戦艦，巡洋艦，駆逐艦，潜水艦合計隻
出典：桑田悦ほか編『日本の戦争―図解とデータ』（原書房，1982年）

全に逆転し、その戦力格差は急速に拡大していった。

海軍の場合を例にとると、日米両国の空母・戦艦・巡洋艦・駆逐艦・潜水艦の隻数及び総トン数は0-1の通りである。アメリカ海軍は、ドイツとの戦闘のため太平洋だけでなく大西洋にも展開していることを考慮する必要があるが、海軍の総合戦力ではガダルカナル島撤退の頃から、日米間の戦力格差が急速に拡大していくことがわかる。

この充実した戦力によって、米軍は各地で本格的な攻勢を開始した。これに対して日本は、拡大しきった戦線を縮小し後方の防備を固めつつ、米軍との決戦に

備えようとした。一九四三年九月の御前会議で決定された「絶対国防圏」の設定である。この決定によって、千島・小笠原・内南洋・西部ニューギニア・スンダ・ビルマを連ねる線の内側が「絶対確保すべき要域」とされた。

しかし、この「絶対国防圏」の防備強化がほとんど進まないうちに、一九四四年六月、米軍はマリアナ諸島のサイパン島への上陸を開始する。日本海軍の機動部隊（空母を中心に編成された艦隊）はサイパン防衛のために出撃し、米軍の機動部隊に決戦を挑んだが、強力な反撃を受けて完敗した。いわゆるマリアナ沖海戦である。

この敗北によって、日本海軍の機動部隊は事実上壊滅する。そして七月にはサイパン島の日本軍守備隊が、八月にはグアム・テニアン両島の守備隊が全滅し、米軍はマリアナ諸島を完全に制圧した。また、サイパン島の防衛戦は多数の民間人戦没者を出した最初の戦闘でもあった。この戦闘で日本人の民間人約一万人が戦闘に巻き込まれて死んでいる（他に島民の死者約九〇〇人）。

マリアナ諸島の陥落は日本の敗戦にとって、大きな意味を持った。ここに大きな航空基地を確保すれば、日本本土の大部分が新型爆撃機B29の行動圏内に入るからである。米軍は、早くも八月からサイパン、テニアン両島をB29などの基地として使用し始める。

第四期——絶望的抗戦期

第四期は、一九四四年八月から四五年八月の敗戦に至るまでの時期である。すでに敗戦必至の状況にありながら、日本軍があくまで抗戦を続けたため、戦争はさらに長期化した。絶望的抗戦期などと呼ばれる。

この時期、米軍は一九四四年一〇月にフィリピンのレイテ島に上陸し、四五年一月にはルソン島に上陸して同島の主要部分を支配下に収める。また、一九四五年三月には小笠原諸島硫黄島の日本軍守備隊が激戦の末に全滅する。四月には米軍が沖縄本島に上陸して六月には日本軍守備隊の組織的抵抗が終わった。

この時期は、陸上兵力の面でも、日米間の格差は圧倒的となった。第一四方面軍参謀としてフィリピン防衛戦を指導した朝枝繁春少佐と堀栄三少佐は、米軍一個師団が保有する大砲・迫撃砲・戦車・機関銃などの火器は、日本軍の優良師団の火器の六倍から八倍であり、火器の機動力、弾薬の補給力でも米軍が優越していることを考えれば、実際の火力の格差はさらに大きくなるとしている。「皇軍の編制、装備、戦法は日露戦争以来はたして、いくばく進歩せりや」というのが二人の少佐の判断である（「比島作戦より得たる教訓並びに所見」)。

航空戦でも新たな局面が生まれた。マリアナ諸島を基地としたB29による日本本土に対する空襲が一九四四年一一月から開始され、四五年三月の東京大空襲を皮切りにして都市部への無差別絨毯爆撃が本格化し、日本の都市は中小都市に至るまでB29による焼夷弾攻撃によって焼き払われていった。

一方、陸海軍に輸送船として徴傭された商船や民需用の商船の喪失も深刻化した。開戦当初、日本の政府や軍部は商船の喪失数を年間八〇万から一〇〇万トンと見積もっていた。しかし、造船業を重点産業に指定して新造船の建造に全力を注いだにもかかわらず、連合軍の潜水艦や航空機などの攻撃によって、特に一九四四年に入ると、船舶の喪失数が激増し保有船舶数は激減した(0-2)。その結果、軍事輸送に大きな支障をきたしただけでなく、南方の占領地からの資源輸送もほとんど途絶するようになり、日本の戦争経済を崩壊に導く大きな要因となった。

また、この時期には日本軍の戦意も低下し始めた。米軍は日本軍のなかに生じたこの変化を的確に認識している。

一九四四年四月、米軍の南西太平洋軍司令部は、全滅するまで抵抗をやめない日本兵

0-2　**アジア・太平洋戦争中船腹推移**（単位：千総トン）

年　次	新増その他の増	喪失その他の減	差引増減	年末保有量	指数
開戦時（1941年12月8日）				6,384.0	100
1941年12月中	44.2	51.6	△7.4	6,376.6	99
42年	661.8	1,095.8	△434.0	5,942.6	93
43年	1,067.1	2,065.7	△998.6	4,944.0	77
44年	1,735.1	4,115.1	△2,380.0	2,564.0	40
45年8月まで	465.0	1,502.1	△1,037.1	1,526.9	24
敗戦時（1945年8月15日）				1,526.9	24

註記：100トン以上の鋼船一切を含む
出典：安藤良雄編『近代日本経済史要覧〔第2版〕』（東京大学出版会，1979年）

の心理を分析したレポートを作成し配布している。日本兵に自己犠牲を強いる歴史的、社会的、心理的要因などを分析したレポートである。しかし、その一方でこのレポートは、「自己犠牲の強制に対する反発」にも着目し、「現在および将来の我々の目的にとって非常に重要な事実は、まだ数値的には明らかにできないものの、あるパーセンテージの日本兵がみずから降伏し、少なくとも抵抗することなしに捕らえられているという事実である」と指摘している。同レポートによれば、その原因は生きたいという人間本来の願望や、無能で任務を果たそうとしない将校への批判のたかまりなどにあった（*Self-Immolation as a Factor in Japanese Military Psychology*）。

見落としてはならないことは、この四期の全体にわたって中国が抗戦を続けていたことだろう。日本軍の大規模な攻勢作戦や苛酷な治安粛正戦、さらには国民党と共産党との対立の激化によって動揺を繰り返しながらも、中国は侵略への抵抗をやめなかった。その結果、一九四一年から四三年には毎年六八万人、四四年には八〇万人、四五年には一二〇万人もの陸軍部隊が中国戦線（満州を除く）に釘づけにされ（『支那事変大東亜戦争間　動員概史』）、連合軍と戦う日本軍の背後を脅かし続けたのである。

また、一九四四年四月から四五年二月にかけて、日本軍は大兵力を動員して一号作戦（大陸打通作戦）を実施した。京漢作戦と湘桂作戦の二つの作戦からなるこの大作戦の目的は、中国大陸にある米軍の航空基地を占領して日本本土空襲を阻止すること、中国大陸を南北に連結して、南方地域との陸上交通路を確保することにあった。華北から華南におよぶ中国大陸の内陸部で展開されたこの作戦によって、中国国民政府は大きな苦境に立たされるが抗戦を断念することはなかったし、日本軍の損害にも大きなものがあった。

二〇〇〇万人を超えた犠牲者たち

日中戦争開始以降、敗戦までに、中国本土（満州を除く）で戦没した日本人の軍人・軍属、民間人の総数は四六万五七〇〇人である（『援護50年史』）。満州とは異なり、中国本土からの民間人の引揚げは比較的順調だったので、四六万五七〇〇人のほとんどは軍人・軍属だとみて間違いない。日露戦争における日本陸海軍の戦死者総数が八万八一三三人だから、その約五倍もの日本軍兵士が中国本土で戦死していることになる。

なお、日中戦争に先立つ満州事変における日本軍関係者の戦死者数は、靖国神社への合祀者数で見る限り、一万七一七四人である（『やすくにの祈り』）。

こうしたなかで、一九四五年七月、米、英、ソ連の三国首脳が会談し日本に降伏を求めるポツダム宣言を発表した。この宣言への対応をめぐって日本の政府と軍部は迷走を続けたが、八月六日の広島への原爆投下、八日のソ連の対日参戦、九日の長崎への原爆投下が決定的なきっかけとなって、八月一四日の御前会議でポツダム宣言の最終的受諾が決定される。長く続いた悲惨な戦争にようやく終止符が打たれたのである。多くの国民は翌一五日の天皇の「玉音放送」によってその事実を知らされることになる。

日本政府によれば、一九四一年一二月に始まるアジア・太平洋戦争の日本人戦没者数は、日中戦争も含めて、軍人・軍属が約二三〇万人、外地の一般邦人が約三〇万人、空襲などによる日本国内の戦災死没者が約五〇万人、合計約三一〇万人である。軍属とは、陸海軍に勤務する文官などのことをいう。ただし、この数字には朝鮮人と台湾人の軍人・軍属の戦没者数＝五万人が含まれている。彼らは日本軍の兵士として動員され戦没したのである。

さらに、アジア・太平洋戦争における外国人の戦争犠牲者についても記しておく必要があるだろう。米軍の戦死者数は九万二〇〇〇人から一〇万人、ソ連軍の戦死者数は、張鼓峰（ちょうこほう）事件、ノモンハン事件、対日参戦以降の戦死者数が合計で二万二六九四人、英軍が二万九九六八人、オランダ軍が民間人も含めて二万七六〇〇人である。

交戦国だった中国や日本軍の占領下にあったアジア各地の人的被害はいっそう深刻である。正確な統計が残されていないため推定になるが、ある推定によれば、中国軍と中国民衆の死者が一〇〇〇万人以上、朝鮮の死者が約二〇万人、フィリピンが約一一一万人、台湾が約三万人、マレーシア・シンガポールが約一〇万人、その他、ベトナム、インドネシアなどをあわせて総計で一九〇〇万人以上になる。日本が戦った戦争の最大の犠牲者はアジアの民衆だった（『アジア・太平洋戦争』）。

一九四四年以降の犠牲者が九割か

日本人に関していえば、この三一〇万人の戦没者の大部分がサイパン島陥落後の絶望的抗戦期の死没者だと考えられる。

実は日本政府は年次別の戦没者数を公表していない。福井新聞社の問い合わせに対して厚生労働省は、「そうしたデータは集計していない」と回答している（『福井新聞』二〇一四年一二月八日付）。また、朝日新聞社が二〇一五年七月、四七都道府県にアジア・太平洋戦争中の「年ごとの戦死者の推移をアンケートしたところ、岩手県以外はすべて『調べていない』と答えた。『特に必要がない』『今となってはわからない』などが理由だった」（『朝日新聞』二〇一五年八月一三日付）。

岩手県は年次別の陸海軍の戦死者数を公表している唯一の県である（ただし月別の戦死者数は不明）。岩手県編『援護の記録』から、一九四四年一月一日以降の戦死者のパーセンテージを割り出してみると八七・六％という数字が得られる。この数字を軍人・軍属の総戦没者数二三〇万人に当てはめてみると、一九四四年一月一日以降の戦没者は約二〇一万人になる。民間人の戦没者数約八〇万人の大部分は戦局の推移をみれば絶望的抗戦期のものである。これを加算すると一九四四年以降の軍人・軍属、一般民間人の戦没者数は二八一万人であり、全戦没者のなかで一九四四年以降の戦没者が占める割合は実に九一%に達する。日本政府、軍部、そして昭和天皇を中心にした宮中グループの戦争終結決意が遅れたため、このような悲劇がもたらされたのである。

ちなみに、アメリカの著名な日本史研究者であるジョン・ダワーによれば、アジア・太平洋戦争での米軍の全戦死者数は一〇万九九七人、このうち一九四四年七月以降の戦死者数は少なくとも五万三三四九人であり、絶望的抗戦期の戦死者が全戦死者に占める割合は少なくとも五三%である（*War without Mercy, Race & Power in the Pacific War*）。

日本では基本的な数値さえ把握できないのに対し、アメリカでは月別年別の戦死者数がわかることに驚きを感じる。そして、同書の詳細な注を見てみると、陸海軍省の医務・統計関係の部局が、そうしたデータを作成・公開している。日米間の格差は、政府の責任で果たすべき戦後処理の問題にまで及んでいる。

第1章

死にゆく兵士たち

――絶望的抗戦期の実態 I

1　膨大な戦病死と餓死

すでに見てきたような戦局の展開のなかで、日本軍兵士たちは、どのようにして死んでいったのだろうか。

戦場における兵士の死といえば、戦闘による死をまず思い浮かべるのが普通だろう。しかし、この常識が通用しないのがアジア・太平洋戦争、特に絶望的抗戦期の戦場の現実だった。以下、戦場における死のありようを一つひとつ見ていくことにしたい。

戦病死者の増大

まず指摘できることは戦病死者が異常に多いことである。戦闘による死者と病気による死者の両方をあわせて戦死者という場合もあるが、ここでは、両者を区別して、戦闘による死者を戦死者、病気による死者を戦病死者と呼ぶことにする。

近代初期の戦争では、常に伝染病などによる戦病死者が戦死者をはるかに上まわった。それが、軍事医学や軍事医療の発達、補給体制の整備などによって戦病死者が減少し、日露戦争では、日本陸軍の全戦没者のうちで戦病死者の占める割合は二六・三％にまで低下した。日露戦争は戦死者数が戦病死数を上まわった史上最初の戦争になった（「アジア・太平洋戦争の戦場と兵士」）。

ところが、日中戦争では、一九四五年一一月に第一復員省が作成した資料によれば、戦争が長期化するにしたがって戦病死者数が増大し、一九四一年の時点で、戦死者数は一万二四九八人、戦病死者数は一万二七一三人（ともに満州を除く）、この年の全戦没者のなかに占める戦病死者の割合は、五〇・四％である（『近代戦争史概説（資料集）』）。

アジア・太平洋戦争期に関しては、包括的な統計がほとんど残されていない。しかし、のちに詳しく見ていくように、アジア・太平洋戦争が日中戦争以上に苛酷な状況のもとで戦われたことを考慮するならば、前者の戦病死の割合が後者のそれを下まわるとは、とうてい考えられない。

戦病死の実相にせまるために、初めに部隊史を検討してみたい。部隊史のなかには自らの調査に基づいて作成した戦没者名簿を掲載しているものがあり、そのなかには、戦死・戦病死の区別を明確にしたものが数は少ないものの存在しているからである。

支那駐屯歩兵第一連隊の部隊史を見てみよう。日中戦争開始以降、一貫して中国戦線で戦ったこの連隊の日中戦争以降の全戦没者は、「戦没者名簿」によれば、二六二五人である。このうち絶望的抗戦期にほぼ重なる一九四四年以降の戦没者は、敗戦後の死者も含めて戦死者＝五三三人、戦病死者＝一四七五人、合計二〇〇八人である（戦没年月日不明者＝一四人、不慮死＝二名を除く）。戦病死者が全戦没者のなかに占める割合は、一九四四年以降は実に七三・五％にもなる（『支那駐屯歩兵第一連隊史』）。

だが実際には、この数字以上に戦病死者が多い可能性も否定できない。現場では、戦病死を戦死にいわば「読み替える」事例があったからである。そのことは、軍隊内部にも一般社会のなかにも、戦病死より戦死をより価値のある死、より名誉ある死とみなす風潮があったことを示している。

支那駐屯歩兵第三連隊の補充兵として、一九四二年六月に中国戦線に出動した鳥沢義夫は次のように書いている。支那駐屯歩兵第三連隊は、支那駐屯歩兵第一連隊と同じく第二七師団に属していた部隊である。

中隊員の中には、病に斃（たお）れ、陣中に看病も碌（ろく）にできないで陣没した者があった。この髑髏にても戦病死された者もあったが、この様な状況ゆえ、気の毒なので病死であっても戦死とほとんど変りがないと判断を下し、後日、架空な戦闘状況を作り戦死として報告された方もあった。また、T君の様に、実際は討伐中に自決（自殺）であったが、やはり戦死として処理された者もいた。

（『大陸縦断八〇〇〇キロ』）

餓死者——類を見ない異常な高率

戦病死の問題を掘り下げるためには、これと密接な関連がある餓死の問題を検討してみる必要がある。アジア・太平洋戦争では数多くの餓死者が発生しているからである。日中戦争以降の軍人・軍属の戦没者数はすでに述べたように約二三〇万人だが、餓死に関する藤原彰の先駆的研究は、このうち栄養失調による餓死者と、栄養失調に伴う体力の消耗の結果、マラリアなどに感染して病死した広義の餓死者の合計は、一四〇万人（全体の六一％）に達すると推定している（『餓死した英霊たち』）。これに対し秦郁彦は藤原推計を過大だとして批判し、三七％という推定餓死率を提示している。しかし、その秦自身も、「それにしても、内外の戦史に類を見ない異常な高率であることには変わりがない」と指摘している（『旧日本陸海軍の生態学』）。

こうした悲惨な現実は、一九四四年一〇月に開始されたフィリピン防衛戦でも見てとれる。一九六四年時点での厚生省の調査によれば、この防衛戦では、五一万八〇〇〇人の陸海軍軍人・軍属が戦没している。そのうち、後述する海没死を除く陸軍の戦没者については、次のように指摘されている。

その内訳の正確なデータは資料に乏しいが、巨視的にみると、その約35～40%が直接戦闘（対ゲリラ含む）によるもので、残り約65～60%は病没であるように思われる。しかも、病没者のうち純然たる悪疫によるものはその半数以下で、その他の主体は悪疫を伴う餓死であったと思わざるをえない。

（『大東亜戦争陸軍衛生史（比島作戦）』）

このような多数の餓死者を出した最大の原因は、制海・制空権の喪失によって、各地で日本軍の補給路が完全に寸断され深刻な食糧不足が発生したからである。

前線部隊に無事に到着した軍需品の割合（安着率）は、一九四二年の九六%が、四三年には八三%に、四四年には六七%に、さらに四五年には五一%にまで低下し、海上輸送された食糧の三分の一から半分が失われた。積み出した軍需品の量自体が現地軍の要求を大きく下まわる状況下での安着率のこの低下である（『太平洋戦争　喪われた日本船舶の記録』）。

餓死の問題については、軍当局者もその深刻さを認識はしていた。南方視察から帰任した陸軍省医務局長の神林浩は、一九四三年八月二三日の陸軍省医務局会報で、ソロモン諸島、ニューギニア方面の衛生状況について、「また、〔食糧の〕現地自活はラバウルあたりでは可能なるも第一線ではそれどころでない。〔中略〕第一線では栄養不良〔不振か〕のため銃の重さにも堪えぬ体力となり、ワウ〔ニューギニアの激戦地〕における損耗の主因は餓死なりき。〔中略〕栄養不良では戦をする元気もなくなる」と報告している（「陸軍省業務日誌摘録　後編　その8のハ」）。

昭和天皇自身も実情を把握していた。一九四三年九月七日、天皇は侍従武官長の蓮沼蕃中将に、これまでのように補給の途絶によって、「将兵を飢餓に陥らしむるが如き事は」自分としてもとうてい耐えられない、よく軍令部総長にも申し聞かせ、「補給につき遺憾なからしむる如く命ずべし」と指示している（『東條内閣総理大臣機密記録』）。

マラリアと栄養失調

問題は、栄養失調が前線での疾病と相互に関連していたことである。陸軍主計中佐の田村幸雄は、すでに一九四三年八月の段階で、「第一線における疾病は栄養の失調が最も大なる原因の一つとなって」いたと指摘している（「第一線における戦力増強と給養」）。また佐世保鎮守府第六特別陸戦隊の部隊史は、栄養失調とマラリアの関係について次のように記している。

〔一九四四年〕四月ごろから急に栄養失調症が増えてき、栄養失調による死者、すなわち餓死者が出始めた。マラリアにかかると四〇度の高熱が出てそれが一週間ぐらいつづく。それで体力が弱まったところへ食糧がなく、極度の栄養失調に陥って、その後は、薬も食事も、ぜんぜん受け付けない状態になって死んでゆく――それが典型的な餓死のコースだった。諸病の根源は、食糧不足だった。

（『ソロモンの陸戦隊　佐世保鎮守府第六特別陸戦隊戦記』）

この陸戦隊は、一九四二年八月に編成されてソロモン諸島のブーゲンビル島の守備にあたり、一九四三年末からは補給が完全に絶えていた部隊である。

第五三師団第二野戦病院付きの軍医としてマラリアの治療にあたっていた露木萌も、ほぼ同様のことを指摘している。

露木によれば、北ビルマ戦線ではマラリアの治療剤であるキニーネも効かない難治性のマラリアが流行した。その原因について露木は、「マラリア治療を困難にした第一の要因は、マラリアの悪性度は勿論ながら、それ以上に、この地域前線の日本軍全般にみられた栄養低下にあったと思われる。〔中略〕要するに、当時我々の直面したマラリアは栄養失調者のマラリアであり、その難治性はむしろこの栄養失調状態に帰せられるべきではないか」と書いている（『ビルマ北から南まで「安」第二野戦病院の記録』）。

米軍はＤＤＴの大量使用によってマラリア原虫を媒介する蚊を駆除し、予防に成功した。だが日本軍の場合、マラリア研究自体はかなり進んでいたもののその対策面で大きく立ち遅れたため、特に南方戦線ではマラリアが猛威を振るった（『マラリアと帝国』）。

一九四三年七月六日の長官会報で、参謀総長の杉山元（陸軍大将）は、「戦力がマラリヤのために¼に減じてしまった。増兵をいくらやってもマラリヤ患者を作るようなものなり。〔対策を〕総力を挙げて徹底的にやれ」と発言している（「陸軍省業務日誌摘録

後編　その8のロ」)。

戦争栄養失調症――「生ける屍」の如く

栄養失調の問題で重要なのは、戦争神経症とも関連する戦争栄養失調症である。この病気はすでに日中戦争初期から現われていた。一九三八年四～六月の徐州作戦に従事した兵士のなかから、極度の痩せ、食欲不振、貧血、慢性下痢などを主症とする患者が多発した。治療はきわめて困難で死亡に至るケースが多かった。

この問題について、陸軍軍医中将の棚野巌は、「戦争栄養失調論」と題された論文を執筆している。刊行年は未詳で、「陸軍軍医学校（北支那方面軍編）」と表紙に記されたタイプ印刷の資料である。

棚野は、この論文のなかで、「高度の羸痩」（痩せ衰えること）、食欲不振、下痢を「三主徴候とす」るとした上で、患者の状況について、「下痢止まず漸次全身栄養の低下を来し、羸痩加わり皮下脂肪消失し筋肉細小となり」、ついに体はミイラ状となり、「脈搏緩徐、体温正常以下となり、四肢厥冷し、顔貌無表情となり活気を失い、嗜眠性となり惰眠を貪りほとんど言葉を発せず、『生ける屍』の如く」なる、ついには燃えつきるロウソクの「火の消ゆるが如く鬼籍に入る」、時には栄養の失調がそれほど深刻でないにもかかわらず、「突然虚脱状態となり、心臓麻痺もしくは呼吸麻痺を呈し死亡するものあり」と書いている。きわめて生々しい描写である。

なお、一九四四年の大陸打通作戦に、第二七師団第四野戦病院付きの軍医として従軍した田中英俊の著作には、野戦病院内の戦争栄養失調症患者が描かれているので、次に掲載しておく（1-1）。

こうした患者が多発したため、「陸軍では戦線で長期にわたり食糧の不足と身心の過労のため、高度の栄養障害を起したものを、ひとまず『戦争栄養失調症』と称していたが、これらの患者にアメーバ赤痢、細菌性赤痢、マラリア等の疾患を併発している場合が多かったので、研究初期の段階では意見がまとまら」ず、伝染病原因説も有力だった（『戦争栄養失調症関係資料』）。

しかし、棚野軍医中将が前掲論文のなかで、「昭和十七年頃より戦闘行動に全く関係なく内地における同様なる教育訓練により該症と全く同一の症状経過を取るもの発生し逐年増加の傾向あり。これ全く意外なる事実なり」と指摘しているように、苛酷な戦場の状況と伝染病などの罹患だけで原因を説明することには無理があった。

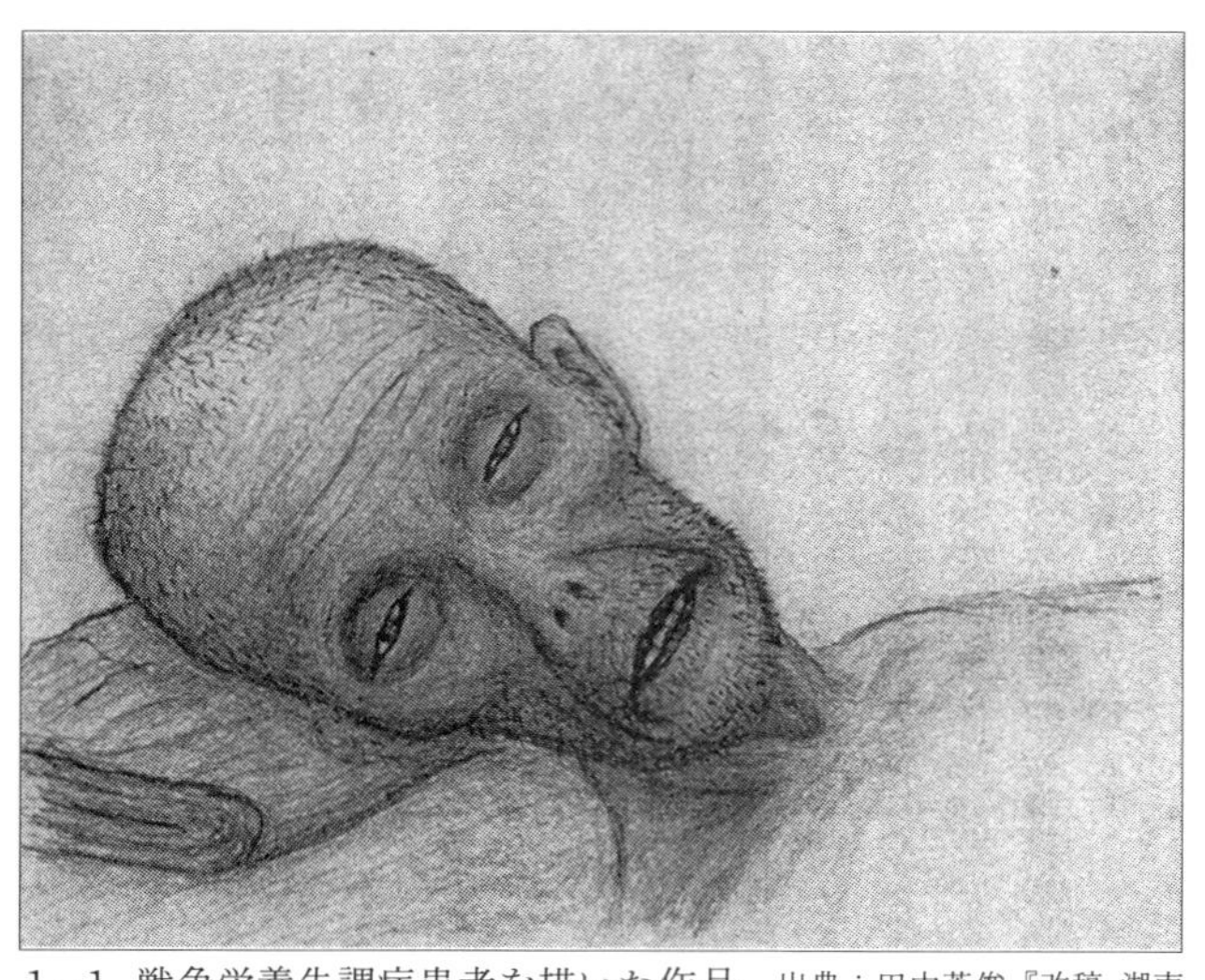

1－1　戦争栄養失調症患者を描いた作品　出典：田中英俊『改稿 湖南進軍譜』（白日社，2010年）

そのことを強く意識して、陸軍軍医中尉の難波光重は、アジア・太平洋戦争開戦後の論文で、「健康状態にある個体が、長期にわたる大作戦において栄養低下、言いかえれば、潜在性栄養失調ともいうべき状態にありて、量的、質的栄養不及〔不足〕と戦争性過労が加われる」状態にあることを前提として、次の二つの戦争栄養失調を区別すべきだと主張している。

一つは、アメーバ性赤痢、マラリアなどの伝染病あるいは結核の感染、再発等に続いて発現する「続発性戦争栄養失調症群」、もう一つは、右のような「疾患の伝染なく、かつその他の重症なる合併症あるいは何らの伝染源なき」、「原発性戦争栄養失調症群」である（「いわゆる戦争栄養失調症五一例の病理解剖学的研究」）。

陸軍の軍医が伝染病などとは関係のない「原発性」の戦争栄養失調症の存在をはっきり認識していることに注目したい。

なお、陸軍と比べて、海軍のほうが戦争栄養失調症に対する研究が立ち遅れ、伝染病原因説が根強かったようである。阿部功海軍軍医少佐ら五人の軍医は、戦争栄養失調症と見られる一八人の患者のうち一一人から食中毒の原因となるゲルトネル菌を検出した。彼らの研究報告、「いわゆる戦時栄養失調について」は、一九四三年の『海軍軍医会雑誌』に掲載されているが、その結論は、戦争栄養失調症に関して、これまで「原因」と信じられてきたマラリア、赤痢、アメーバなどとともに、ゲルトネル菌も有力な「一因子にあらずやと推定」するというものだった（『南方地域現地自活教本』）。精神疾患を軽視するのは、後述するように海軍の特徴の一つだが、それが戦争栄養失調症の問題でもよく現われている。

精神神経症との強い関連

結局、原因を突き止められないまま陸海軍は敗戦によって崩壊するが、その後、戦争栄養失調症に関する新たな説が登場するようになる。

たとえば、軍医として戦争栄養失調症の研究に取り組んでいた青木徹は、「陸軍軍医の大半は、アメーバ赤痢が戦争栄養失調症の元兇である、という説に偏っていたと思われるふしがある」としながら、「脳幹視床体」下部にある食欲中枢の存在に注目して、次のように主張している。

しかし、こと戦争栄養失調症についていうならば、その症状の前半は〔補給を無視した参謀などの〕偏執病的な作戦至上主義者によって加えられた受動的なものであり、この受動的原因による体力の消耗が進行した後半は、患者自体の脳幹視床体下部内に宿命的に存在する、調節機能の失調という能動的な因子が加わることによって、ここにホメオスターシスの崩壊が起こり、遂に死に到るものであると結論したいのである。

(『秘録・戦争栄養失調症』)

つまり、食糧などの給養の不足、戦闘による心身の疲労など、戦場の苛酷さに起因するものではあるが、ストレスや不安、緊張、恐怖などによって、ホメオスタシスと呼ばれる体内環境の調節機能が変調をきたし、食欲機能が失われて摂食障害を起こすということだろう。最近では、精神科医の野田正彰が、戦争栄養失調症について、「実は、兵士は拒食症になっていたのである。食べたものを吐き、さらに下してしまう。壮健でなければならない戦場で、身体が生きることを拒否していた」と青木と同様の指摘をしている（『戦争と罪責』）。

いずれにせよ、戦争栄養失調症は、単なる栄養失調ではなく、後述する戦争神経症の問題と確実に重なり合っている。

以上のように、さまざまな角度から戦病死の問題を見てきたが、戦死ではなく、餓死を中心にした戦病死が兵士の死の最大の原因であったことは間違いないだろう。

2　戦局悪化のなかの海没死と特攻

三五万人を超える海没死者

狭い意味での戦死のなかにも、この時期に特有の死のありようをはっきりと見てとることができる。その一つに大量の海没死がある。

アジア・太平洋戦争では、連合軍の航空機や潜水艦の攻撃によって、多数の艦船が沈没したが、海没死とは艦船の沈没に伴う死者のことを指す。その死者数については、前掲『旧日本陸海軍の生態学』が詳細な検討を加えているので、ここでは概数だけを示しておこう。

『太平洋戦争沈没艦船遺体調査大鑑』によれば、海没死者の概数は、海軍軍人・軍属＝一八万二〇〇〇人、陸軍軍人・軍属＝一七万六〇〇〇人、合計で三五万八〇〇〇人に達するという。日露戦争における日本陸海軍の総戦没者数、八万八一三三人（『日露戦争の軍事史的研究』）と比較すれば、この三五万八〇〇〇人という海没死者数の重みが理解できるだろう。なお、船舶輸送軍医部は、「船舶輸送中における戦死は溺水死その半ばを占むべし」としている（「船舶輸送衛生」）。つまりは「溺れ死に」である。

多数の海没死者を出した最大の要因は、アメリカ海軍の潜水艦作戦の大きな成功による。第二次世界大戦で、米海軍は五二隻の潜水艦を喪失したが、一三一四隻・五〇〇万二〇〇〇トンの枢軸側商船を撃沈している。潜水艦一隻の喪失で二五隻もの商船を撃沈していることになる。ドイツ海軍は七八一隻喪失、撃沈が二八二八隻・一四〇〇万五〇〇〇トン、一隻の喪失で三・六隻を撃沈しているが、米海軍には大きく水をあけられている。ところが日本海軍の場合は、一二七隻喪失、撃沈が一八四隻・九〇万トン、一隻の喪失でわずか一・四隻を撃沈しているにすぎない。

米海軍の対日潜水艦作戦では一九四三年半ばが大きな画期となった。米海軍は、この頃までに不発や早発の多かった米軍魚雷の欠陥を是正しただけでなく、日本商船の暗号解読に成功した。これによって、船団に対する待ち伏せ攻撃が可能になったのである（「研究ノート　対日通商破壊戦の実相」）。

多数の兵士たちが海没死した日本側の要因としては、日本軍の輸送船の大部分が徴傭した貨物船であり、船倉を改造した狭い居住区画に多数の兵員を押し込めたことがあげられる。そのため沈没の際に全員が脱出することは不可能だった。また多数の船舶の喪失によって船舶の不足が深刻になり、一輸送船あたりの人員や物資の搭載量が過重となったことも犠牲者を増大させた（前掲、「アジア・太平洋戦争の戦場と兵士」）。

先にあげた船舶輸送軍医部「船舶輸送衛生」は、船舶輸送に特有の環境の一つとして、居住区画の「狭隘」さをあげ、軍隊輸送では坪当たり三ないし四人の兵士が通常だが、温度が高い熱帯地の輸送では坪当たり二・五人を理想とする、しかし、船腹の関係や作戦上の要求から、「坪当り五人の多きに達すること」があると指摘している。

一坪に完全武装の兵士五人が押し込まれれば、横になることさえ不可能である。一九四四年七月、フィリピンに向かう輸送船の船内の状況を軍医（見習士官）の福岡良男は、「まるで奴隷船の奴隷のように、定員以上の兵が輸送船の船倉に詰め込まれ、自由に甲板に出られぬ兵が、船倉の異常な温度と湿度の上昇のため、うつ熱病（熱射病）となり、体温の著しい上昇、急性循環不全、全身痙攣などの中枢神経障害を起こし、多くの兵が死亡した。その都度、私は水葬に立合い、肉親に見送られることなく、波間に沈んで行く兵を、切ない悲しい思いをして見送った」と回想している（『軍医のみた大東亜戦争』）。

入隊したばかりの初年兵など、甲板に出られない兵士が多かったのは、福岡によれば、甲板への出入り口付近に涼を求めて古手の古参兵たちが我が物顔でたむろしているからだった。

「八ノット船団」──拍車をかけた貨物船の劣化

また、日本の貨物船の性能も問題だった。アジア・太平洋戦争中、日本は急増する船舶需要に対応するため、多数の戦時標準船を建造した。設計・建造の簡易化、工期の短縮、資材や労働力の節約などによって、建造数を増加させることを最優先の課題とした低性能の船舶である。

戦時標準船にはいくつかのタイプがあったが、貨物船の航海速度を見てみると、第一次戦時標準船では、速度が最大のタイプが一二・三ノット、最低のタイプが一〇ノット、第二次戦時標準船では最大が一〇ノット、最低が七ノット、第三次戦時標準船では、最大が一四ノット、最低が七・五ノット、速度を最優先した第四次戦時標準船でも一八ノットである（『戦時造船史』）。

輸送船やタンカーは、潜水艦や航空機の攻撃に備えて船団を組み海軍の艦艇によって護衛される。しかし、船団のなかに八ノット（時速約一五キロ）という低速の船舶が存在すると、船団全体の速度をその船舶の速度にあわせざるをえない。その結果、「八ノット船団」などと呼ばれる低速船団が普通になり、船団護衛はますます困難になった。「八ノット船団」が潜水艦による攻撃を警戒してジグザグに航行する「之字運動」を行えば、速度はさらに六ノット以下に低下したという（「護衛船団幕僚体験談摘録」）。

輸送船が攻撃を受けたあとの状況についても、具体的に見ておこう。魚雷や爆弾が命中するとその爆発によってただちに戦死者、負傷者が出る。その一方で船内はパニック状態に陥り、失神する者、精神に異常をきたす者が続出する。船外への脱出に成功しても、今度は積載していたボート、筏、すがりつくことのできる浮遊物などの奪い合いが起こることも少なくない。大本営陸軍部による「戦訓報　第四十九号　海難対策に関する教訓」（一九四五年一月一八日付）は、この点について、「浮游物を争奪しあるいは独占せんとし、あるいは他の者にすがり、おのれ一人のみ生存せんとして両者ともに失命するに至りし事例多し」としている。

そうした奪い合いの事例の一つとして大誠丸の悲劇をあげておきたい。一九四五年四月、海上機動第三旅団などが乗船して函館に向かっていた大誠丸（一九四八トン）は、潜水艦の攻撃を受けて北海道新冠郡節婦沖で沈没した（『戦時船舶史』）。同部隊の隊員だった小屋敷清は、「海中を漂流している兵が助けを求めて『大発』〔上陸用舟艇〕にすがりつくのを将校が刀でその腕を斬りおとすのを何件か見た（腕のない死体も浜辺に流れついた）」と証言している（『戦争体験の記録と語りに関する資料調査1』）。

作家の吉村昭は、この事件を取材して、「海の柩」（『総員起シ』所収）を書いているが、船名、部隊名、地名などはあえて伏せている。

圧抵傷と水中爆傷

次に海没にかかわる、あまり知られていない戦傷として、圧抵傷と水中爆傷をあげておく。一般には圧抵傷とは、高所から足を下にして地上や堅い床などに墜落した際にその衝撃によって引き起こされる損傷をいう。戦時期に固有の圧抵傷については、戦時中からこの問題に大きな関心を持っていた元陸軍軍医中尉の山田淳一が次のように書いている。

今次の戦争では触雷（機雷・魚雷）による船体の爆破によって、平時のものとは逆に下からの強大な衝撃によって艦上あるいは海中に跳ね飛ばされて、重症な圧抵傷と共に爆破による爆創、挫傷、挫創、骨折、熱傷、鼓膜損傷及び内臓損傷等の単数あるいは複数の損傷が一時に合併するのが常であった。

（『比島派遣一軍医の奮戦記』）

山田によれば、沈没後に収容された戦傷者のうち「四四％が圧抵傷が合併していると報告されていい」たという。

それでは、水中爆傷とは何だろうか。アジア・太平洋戦争中に軍医に任官した国見寿彦は、海軍軍医学校における戦傷学の講義で、水中爆傷という戦傷の存在を知った。国見は、「それは海中を泳いでいる時、爆発に遭遇し、その時は身体の外部にはなんら損傷がないのに次第に腹部がはれてきて、腹痛がひどくなり、次第に憔悴して死亡するという恐ろしい戦傷である。はじめ原因が分からなかったが、どうも爆雷の爆発に遭遇したときにかぎるようであった」と書いている（『温故知新』）。

爆雷とは代表的な対潜兵器であり、船団を護衛している駆逐艦や駆潜艇などが敵の潜水艦を攻撃するために投射・投下して、水中で爆発させる兵器である。

また、水中爆傷の患者の状況については、一九四四年一月、ラバウルでその治療にあたった海軍軍医少佐の波多野克己が、「これほど苦しむ患者を診たことがない。腹部の激痛を訴えて号泣している。口からは血痰を吐いている」と書いている（『ラバウル洞窟病院』）。

この水中爆傷の原因はその後解明されたようである。一九四二年六月に海軍軍医学校を卒業し、四四年七月にセレベス島で水中爆傷の手術に加わった元海軍軍医大尉の佐藤衛は、次のように回想している。

敵潜水艦に撃沈された輸送船の乗員が海上浮流中、味方駆潜艇の対潜爆雷攻撃による水中衝撃で腸管破裂を生じ、既に腹膜炎を起しかけた患者を一度に十名あまり収容したことがある。〔中略〕開腹すると驚くべし、全員腸管が数ケ所で破れている。その場所に特徴があり、〔中略〕この特徴から腹壁を介しての衝撃による損傷ではなく、肛門からの水圧が腸内に波及し、内部から腸壁を破ったのだと判る。

（『雲騰る海』）

海没死一つとっても、そこには実に多様な死のありようが存在していたのである。

「とつぜん発狂者が続出」

もう一つ、海没の問題で無視できないのは、海没に伴う精神的なダメージである。そもそも、船舶の喪失が激増するようになると、出港時から兵士たちの間に不安が広がった。一九四三年二月から三月にかけて実施されたニューギニアへの増援輸送作戦、八一号作戦では、米豪軍の航空攻撃によって、輸送船の全船八隻と駆逐艦四隻が沈没し船団は壊滅した。「ダンピールの悲劇」である。

土井全二郎は出港前の兵士と船員の状況について、取材に基づき次のように記している。

そんなこんなで、出かける者の多くがますます「無口」になり、そして機嫌がわるかった。不安が頂点に達した出港前日の午後には、輸送船に乗船中の将兵の間から、「とつぜん発狂者が続出」するという深刻な事態すら発生していた。それも「とうてい仮病とは思われない」ほどの重症なのである。

（『撃沈された船員たちの記録』）

沈没後に救助された兵士たちの精神状態も深刻だった。軍の報告書でも、「悲惨なる状況に遭遇し」、かろうじて救助された者は、「通常、救助後、相当期間精神的感作、特に恐怖感大にして」、軍務につかせるには支障があったと指摘されている（前掲、「海難対策に関する教訓」）。

なお、人員や軍需品などの搭載品とともに軍旗が海没した部隊もあった。軍旗は、歩兵連隊と騎兵連隊の編成時に天皇から部隊に「親授」される旗である。天皇から直接授けられたものとして神聖視されると同時に、その連隊の団結の象徴でもあった。その軍旗が海没しているのである。

具体的には、一九四二年一一月、歩兵第一七〇連隊の乗船がパラオ沖で潜水艦の攻撃を受けて沈没し軍旗も海没、四四年四月には歩兵第二一〇連隊の乗船がバシー海峡で潜水艦の攻撃を受けて沈没し軍旗も海没、そして、同年八月には独立歩兵第十三連隊の乗船がバシー海峡で潜水艦の攻撃を受けて沈没し軍旗も海没している（「歩・騎兵連隊と軍旗⑤」）。「天皇の軍隊」の崩壊を象徴するような出来事である。

特攻死——過大な期待と現実

絶望的抗戦期に固有の戦死のありようとしては、よく知られているように、特攻死がある。

特攻隊（特別攻撃隊）とは、主として爆弾を搭載した航空機による艦船などに対する体当たり攻撃（航空特攻）のことを指すが、それ以外にも「震洋」、マルレ艇などのモーターボートによる艦船への体当たり攻撃（水上特攻）、一人乗りの改造魚雷「回天」による体当たり攻撃（水中特攻）などがあった。ここでは、最大の犠牲者を出した航空特攻を取り上げたい。

航空特攻は、一九四四年一〇月に、海軍がフィリピン防衛戦で神風特別攻撃隊（「しんぷう」が正式の呼称で「かみかぜ」は俗称）を出撃させたのが最初である。当初の特攻作戦の任務は、レイテ湾への突入をはかる栗田艦隊を支援するために、体当たり攻撃によって、アメリカの正規空母の飛行甲板を一時的に使用不能にすることにあった。正規空母の撃沈そのものが目的ではなく、当初の任務は限定的なものだったのである。それが次第にエスカレートし、翌一九四五年三月末から始まる沖縄戦の段階では、特攻攻撃が陸海軍の主要な戦法となった。そうしたなかで、特攻作戦に対する過大な期待も生まれてくる。

たとえば、一九四五年一月二六日に、軍令部総長の及川古志郎海軍大将は、特攻専門機、「桜花」二五〇機の配備について、「現戦局に対し色々意見もあるが、私は重体ではあるが危篤とは見ない。特攻兵器〔人間爆弾桜花〕も大体揃って（二五〇）、今、鹿屋〔基地〕で大々的演習にかけている。〔中略〕これは昨年十二月まで整備して菲島戦〔フィリピン戦のこと〕に間に合せる心組だったが、それが遅れたが、今度これが間に合えば相当戦勢を逆転して『マリアナ』位までは取返したい」と語っている（『高木惣吉 日記と情報（下）』）。

及川軍令部総長の談を伝え聞いた海軍の長老、岡田啓介大将は、「月産二〇〇位の力で、菲島から『サイパン』まで盛り返すというのは、少し夢に近い話ではないか」と率直に語っている（同右）。

実際、「桜花」への期待は「夢」に終わった。同機はロケット推進器を装備した一人乗りの小型グライダーである。「ロケット機」などと書いている文献があるが正確ではない。母機の一式陸上攻撃機に懸吊して離陸し、敵の艦船に接近したところで母機から発進する。滑空しながら目標に向かい体当たりの直前にロケット推進器に点火して速度をあげ、体当たりを行う。しかし、二トンを超える重量の「桜花」を懸吊した母機自体の速度や運動性が大きく低下するため、「桜花」の発進前に母機とともに撃墜されることが多く、ほとんど戦果をあげることができなかった。

なお、一式陸攻の魚雷もしくは爆弾の最大搭載量は八〇〇キロにすぎない。

「桜花」の初出撃は、一九四五年三月二一日だが、このときは出撃した「神雷部隊」の一式陸上攻撃機一八機の全機が撃墜されている。

結局、敗戦までの航空特攻による戦果は次の通りである。

正規空母＝撃沈ゼロ、撃破二六／護衛空母（商船を改造した小型空母）＝撃沈三、撃破一八／戦艦＝撃沈ゼロ、撃破一五／巡洋艦＝撃沈ゼロ、撃破二二／駆逐艦＝撃沈一三、撃破一〇九／その他（輸送船、上陸艇など）＝撃沈三一、撃破二一九

撃沈の合計は四七隻にすぎない。一方、特攻隊員の戦死者は海軍が二四三一人、陸軍が一四一七人、計三八四八人である（『特攻―戦争と日本人』）。大型艦の撃沈には成功していないこと、主として小型艦艇を沈没させていることがわかる。

戦果があまりあがらなかった理由の一つは、アメリカ側が、フィリピン戦以降、特攻作戦に対する対策を強化したからである。米海軍は、機動部隊の前方に大型レーダーを装備した駆逐艦などのレーダーピケット艦をいくつも配備し、早期警戒と迎撃戦闘機の誘導にあたらせた。特攻機はこの阻止線（ピケットライン）を簡単には突破できなかったのである。

また、特攻機自体も旧式機が多い上に、重い爆弾を搭載して飛行するので米軍の迎撃戦闘機の恰好の餌食となった。さらに、VT信管（電波を利用して、目標に近接すれば自動的に起爆する信管）の開発に成功した米海軍は、一九四三年からVT信管付きの対空砲弾を使用するようになり、対空戦闘で大きな威力を発揮するようになる。

特攻の破壊力

特攻についてはすでに多くの文献があるので、ここでは特攻攻撃の破壊力の問題だけを取り上げたい。

航空機による通常の攻撃法では、落下する爆弾に加速度がつくため破壊力や貫通力はより大きなものとなる。しかし、体当たり攻撃では、急降下する特攻機自体に揚力が生じ、いわば機自体がエアブレーキの役割を果たしてしまうため、機体に装着した爆弾の破壊力や貫通力は、爆弾を投下する通常の攻撃法より、かなり小さなものとなる。体当たり攻撃で大型艦を撃沈できないのは、この理由による。

体当たり攻撃による破壊力、打撃力の低下をいわば実証してみせたのが、米海軍の駆逐艦、ラフェイである。一九四五年四月一六日、レーダーピケット艦として沖縄水域で警戒にあたっていた同艦は、八〇分間の間に二二回の特攻攻撃を受け、特攻機六機と爆弾四発が命中するという大きな損害を被った。日本軍機による機銃掃射も受け、人員の損害は死者および行方不明三一人、負傷者七二人に達した。

しかし沈没することなく、駆逐艦とタグボートに曳航(えいこう)されて泊地にたどりつき、そこで応急の修理を受けたのち、自力でグアムまで帰投している（***Victory in the Pacific 1945***）。アメリカ側のダメージコントロール（消火や各種の応急処置によって被害を最小限度のものとすること）能力の高さを示す事例でもあるが、六機の特攻機が命中しても駆逐艦という小型艦艇を沈没させることができなかったのである。

爆弾を装着したままでの体当たり攻撃の限界は、特攻隊員のなかでも自覚されていたようである。零式戦闘機（ゼロ戦）のパイロットだった橋本義雄は、より効果的な体当たり方法を常に仲間たちと模索していた。橋本は次のように書いている。

　ちょうどそのような時、誰いう事なく自爆する直前に爆弾投下（低空飛行で）、爆弾をスキップさせて敵艦に命中させ、自身は急反転待避、さらに自爆もしくは空戦する事により、より効果を上げることを考えた。その発想の原点は二五〇キロまたは五〇〇キロ爆弾の慣性を生かす事により爆発の効果をより大きくすることにあった。戦闘機に固定したまま体当たりするより爆弾自身の重さによる慣性効果と徹甲弾の威力を発揮させるための考え方である。誠に合理的な考え方である。

（『学生特攻　その生と死　海軍第十四期飛行予備学生の記録』）

　スキップボミング（反跳爆撃）と呼ばれた攻撃方法だが、まず爆弾を投下したのちに体当たりをすることを構想していたことがわかる。事実、独自の体当たり攻撃を実行に移した特攻隊員もいた。

　一九四五年五月、沖縄海域で、エセックス級の大型空母、バンカーヒルに二機の特攻機（零式戦闘機）が連続して命中した。同艦は沈没こそ免れたものの、四〇〇人近い戦死者を出すという大損害を被った。このとき、二機の特攻機は突入寸前に爆弾を投下してから体当たりをしている（M・T・ケネディ『特攻』）。小川清と安則盛三という二人の特攻隊員がこの攻撃法をあえて選んだのは、できるだけ大きな損害を敵に与えたいという戦闘機パイロットとしての意地からだったのだろうか。それとも、合理性を欠いた無謀な特攻作戦に対する無言の抗議だったのだろうか。

なお、特攻機のなかには、機内に爆薬を装塡したものや爆弾を機体に固着させて爆弾の投下ができないようにしたものもあった。

3　自殺と戦場での「処置」

自　殺――世界で一番の高率

次に、形式上は戦死、戦病死に区分される場合が多いものの、実態上はそれとは異なる死のありようについて取り上げよう。第一には、自殺（自決）である。

そもそも陸軍および海軍には、アジア・太平洋戦争開戦前から自殺者が多かったという分析がある。一九三八年の論説、憲兵司令部「最近における軍人軍属の自殺について」は、陸海軍の軍人・軍属の自殺者数は、毎年一二〇人内外、最近一〇年で一二三〇人に達しているとして、「右の人数は軍人、軍属十万人に対して三十人強に当る、十万人につき、三十人の比率は一般国民の自殺率よりやや高い」、したがって、「日本国民の自殺率は世界一であるから、日本の軍隊が世界で一番自殺率が高いということになる」と結論づけている。

この結論が正しいかどうか、いま確かめるだけの材料が他にないが、かなり高い自殺率だったことは推測できる。よく知られているように、内務班（兵営のなかで兵士が起居する区画）での古参兵や下士官による私的制裁という名の暴力には苛酷なものがあったからである。私的制裁では物理的な暴力だけでなく、侮辱や屈辱などの精神苦痛を相手に与えるやり方が好んでとられた。それ自体は古参兵の「憂さ晴らし」にすぎなかったが、兵士の人間性や個性をそぎ落とすという面では、命令に絶対服従する画一的な兵士をつくりあげるという「教育」的効果を持っていた。

私的制裁の弊害が指摘され、その根絶が建前としては軍内で強調されながらも、それがいっこうになくならなかったのは、軍幹部のなかに強い兵士をつくるという理由で、私的制裁を容認あるいは黙認する傾向が根強かったからである。

戦争神経症の専門家でもあった陸軍軍医少尉の桜井図南男は、軍隊内の自殺者の大部分が「精神的失調に因るもの」であると決めつけた上で、さらに、「予防的見地」より、その対策を考察するとして、次のように述べている（「軍隊における自殺並に自殺企図の医学的考察」）。

軍隊は戦闘という目的を持った強固な組織であり、一般の国民生活とは本質的に異なっている。したがって、「素質的」にこれに順応できず、その圧力に耐えることができない者が入隊すれば、「当然、精神的違和を発し」、自殺を試みることもあるだろう。しかし、自殺防止のため、「軍隊生活の改善」をはかるべきだとする意見は本末転倒である。自殺するような者は軍務に適しない「劣等者」なのだから、むしろ、そうした者の入隊を阻止し隊内から「除去」すべきである。徴兵制を採用している日本の場合、ある程度の数の「不良素質者」の入隊は避けられないため、自殺者をゼロにすることは困難である。桜井は、このように述べた上で、「強力なる軍隊」を作るためには「多少の落伍者、犠牲者」が出るのはやむを得ないと断言する。

軍隊の側の自己改革は完全に拒否し、自殺の原因を個人的資質に還元するという硬直した思考方法が読みとれる。もちろん、現役徴集率の低い平時の軍隊であれば、このような考え方にも一定の妥当性があった。現役徴集率とは満二〇歳で徴兵検査を受検したのちに実際に現役兵として入営する若者が同世代の若者のなかで占める割合である。

具体的に見てみると、一九二九年の陸海軍現役徴集率は、一五・四％、三六年のそれは一八・二％である（『現代歴史学と軍事史研究』）。「国民皆兵」とは言っても、実際には同世代の男子青年のうち二割に満たない者だけが現役兵として入営していたことになる。こうした時代にはすぐれた体格、体力を持つ屈強な若者だけを選抜して入営させることができるから、入営してくる「不良素質者」は少数者にすぎない。

ところが、日中戦争が長期化し、アジア・太平洋戦争の時代ともなると、増大する陸海軍の兵力数を満たすため、現役徴集率の引き上げ、徴兵検査の合格基準の引き下げ、年齢の高い予備役兵、体格や体力の劣る補充役兵の召集などによって、軍隊生活に適応できない大量の「不良素質者」が入営してくるようになる。後述するように、桜井のような認識では、こうした総力戦の現実に対応できなくなるのである。いずれにせよ、日本の陸海軍は兵士を自殺に追いやるような体質を持っていたと言うことはできるだろう。

インパール作戦と硫黄島防衛戦

日中戦争やアジア・太平洋戦争でどれだけの数の日本兵が自殺したのかは正確にはわからない。しかし、特に絶望的抗戦期の部隊史や戦記を見てみると、苛酷な行軍や激しい戦闘のなかで、あるいは飢えと病が蔓延（まんえん）した悲惨な退却戦のなかで、自ら命を絶った兵士たちの存在が数多く記録されている。後述するように捕虜になることを事実上禁じた「戦陣訓」の存在も兵士たちにとっては重荷になったことだろう。動けなくなった傷病兵は捕虜になることを恐れて自殺する可能性があるからだ。

実際の兵士の記録を見てみよう。たとえば、独立工兵第二〇連隊の曹長だった西地保正は、インパール作戦の記録を絵の形で残しているが、そこには自殺した兵士の状況が繰り返し描かれている。1-2は、そのなかの一枚だが、西地は、この絵に次のような説明文を付している。

「今日は体調がいいから先に行くぜ」と出ていった兵が、道の真中で自決していた。あとからこの道を〔戦友が〕通るから〔自分の遺体を〕始末してくれるとやったことだ。まだ歩けるのに早まったことをしてくれたと一同は残念だった。分隊の足手まといになることは彼の性格から許さなかったのだろう。〔中略〕この様子を近くで休んでいた病兵が、足の親指で引金を引いたと話した。

（『神に見放された男たち』）

1－2　自殺した兵士のもとに佇む兵士たち　出典：西地保正『神に見放された男たち』（クレオ，1995年）

目撃していた「病兵」によれば、この兵士は、小銃の銃口を口にくわえ、あるいは自分の頭部などに向けて、足の親指で銃の引き金を引いて自殺した。

インパール作戦は、一九四四年三月に開始されたインド北東部のインパールに対する進攻作戦だが、補給を無視した無謀な作戦を強行した結果、日本軍が英軍に完敗した作戦である。多数の餓死者や戦病死者を出したことでも有名であり、日本軍の退却路は「白骨街道」や「靖国街道」などと呼ばれた。

また、自殺者の多さについて、具体的に言及している元兵士もいる。日米両軍間で激戦が展開された小笠原諸島の硫黄島の戦闘で生き残った鈴木栄之助（独立機関砲第四四中隊所属）は、日本軍守備隊の死者の内訳について、次のように書いている。

敵弾で戦死したと思われるのは三〇％程度。残り七割の日本兵は次のような比率で死んだと思う。

六割　自殺（注射で殺してくれと頼んで楽にしてもらったものを含む）
一割　他殺（お前が捕虜になるなら殺すというもの）
一部　事故死（暴発死、対戦車戦闘訓練時の死等）。

（『小笠原兵団の最後』）

鈴木の実感に基づく推定と思われる。なお、硫黄島の戦いは米軍上陸後約一ヵ月で終結しているので、純粋な戦病死者は少数だったようだ。

「処置」という名の殺害

形式上は戦死か戦病死に区分されているものの、実態上はまったく異なる死のありようとして、非常に数が多いのは日本軍自身による自国軍兵士の殺害である。その一つは、「処置」などと呼ばれた傷病兵の殺害である。

一九三五年三月、日本政府は、「戦地軍隊における傷者及病者の状態改善に関する一九二九年七月二七日の『ジュネーブ』条約」（赤十字条約）を公布した。戦地における傷病兵は「国籍の如何（いかん）を問わず」、人道的に処遇しその治療にあたらなければならないことを定めた条約である。その第一条には、退却に際して、傷病兵を前線から後送することができない場合には、衛生要員をつけて、その場に残置し敵の保護に委ねることができるという一節があった。つまりは傷病兵が捕虜になることを容認する条文である。

海軍は、一九三七年五月発行の海軍大臣官房『戦時国際法規綱要』に同条約の全文を収録しているし、陸軍も同年一一月の陸普第六七六〇号をもって、同条約の印刷・頒布を陸軍全体に通牒（つうちょう）している。この段階では、日本の陸海軍ともに傷病兵が捕虜になることを国際条約上認めていたことになる。

ところが、その後、一九三九年の五月から九月にかけて、日ソ両軍の間でノモンハン事件が勃発した。ノモンハンは、満州国とモンゴル人民共和国との国境付近に位置している。この大規模な戦闘では、ソ連軍側も大きな損害を被ったものの、多数の航空機、重砲、戦車を投入したソ連軍の猛攻によって壊滅する部隊が相次ぎ、多くの日本兵がソ連軍の捕虜となった。

戦闘は停戦協定の締結によって終息したが、協定成立後、捕虜となった日本軍将兵が日本側に送還されてきた。このとき陸軍中央は、「捕虜を禁じる法律的根拠はないから、軍法会議の前に将校には自決させて戦死の『名誉』を与え（自決すれば戦死とみなすということ）、下士官兵は軍法会議で審理し負傷者は無罪、そうでないものは『抵抗または自決の意志がなかった』と見なして『敵前逃亡罪』を適用」するという厳しい方針で臨んでいる（『日本人捕虜（上）』）。

捕虜になることを事実上禁じるという方針の明確化は、傷病兵や衛生要員の残置容認という従来の方針に見直しをせまるものとなった。一九三九年一二月二七日、陸軍省医務局の三浦課員が、「ノモンハン事件に関する調査研究」に関して報告を行っているが、その内容について、金原節三軍医中佐は、野戦病院などの「衛生機関が敵襲等により最悪の事態に立ちいたりたる時、収療患者を如何(いか)にするか。赤十字条約によりこれを敵手に委(ゆだ)ぬべきか、あるいは、これを安楽死をなさしむるか、当面せる軍医の最大の悩みなりしという。研究を要す」と記している（前掲、『陸軍省業務日誌摘録　前編』）。

また、陸軍軍医中佐の近野寿男も、「経験に基く教訓事項」として、「赤十字条約依存観念の根本的是正」を主張している（「ノモンハン事件における関東軍衛生勤務の大要」）。軍医のなかにも、どのような場合でも捕虜になることを否定する考え方が強くなっていることがわかる。こうしたなかで、陸軍は傷病兵の残置を認めない方針に転換する。

さかのぼれば、一九〇七年制定の「野外要務令」が、傷病兵や衛生要員の残置を容認していた。この規定はその後、廃止されるが、一九二四年改定の「陣中要務令」で復活する（『戦争と看護婦』）。具体的に見てみると、一九二四年改定の「陣中要務令」では、退却の際、「情況急を要しそのいとまなきときと雖も、各衛生機関は極力患者の収容後送に努め、やむを得ずこれを残置するにあたりては、最少限の衛生部員および衛生材料を残すものとす」と規定されている。それが、一九四〇年改定の「作戦要務令　第三部」では、退却に際して、「死傷者は万難を排し敵手に委せざる如く勉むるを要す」となった（『日本陸軍用兵思想史』）。ここでは傷病兵を後送できない場合には、自殺を促すか、何らかの形で殺害することが暗示されている。

こうした転換を決定的にしたのが、一九四一年一月八日に東条英機陸軍大臣が示達した「戦陣訓」である。

戦場で日本軍兵士が守るべき徳目を説いたこの「戦陣訓」は、「生きて虜囚の辱めを受けず」という形で捕虜となることを事実上、禁じた。これを受ける形で、明示的に捕虜となることを禁じた文章がこの時期に作成されている。同年一二月に陸軍航空総監部が作成した『空中勤務者の嗜（たしなみ）』がそれだが、この小冊子には、「敵地上空において、ひとたび飛行不能に陥り友軍戦線内に帰還の見込なき時は、〔中略〕潔く飛行機と運命を共にすべし。いやしくも生に執着して不覚を取り、あるいは皇国軍人の面目を忘れて虜囚の辱めを受くるが如きこと断じてあるべからず」と明記されている。なお、「空中勤務者」とは、海軍で言う航空機の「搭乗員」のことである。

ガダルカナル島の戦い

アジア・太平洋戦争の開戦後しばらくの間は、傷病兵の「処置」は、ほとんど問題とならなかった。日本軍が優勢で傷病兵の後送が不可能になるような事態が生じなかったからである。しかし、連合軍の反攻作戦が始まると、状況は大きく変わる。戦闘に敗れ戦線が急速に崩壊したときなどに、捕虜になるのを防止するため、自力で後退することのできない多数の傷病兵を軍医や衛生兵などが殺害する、あるいは彼らに自殺を促すことが常態化していったのである。

その最初の事例は、ガダルカナル島の戦いだろう。この戦いに敗北した日本軍は一九四二年一二月に同島の放棄を決定、翌四三年二月に駆逐艦による撤収作戦を実施して撤収は成功する。しかし、このとき、動くことのできない傷病兵の殺害が行われた。陸軍の正規将校出身で、戦後は自衛隊に入って軍事史研究に従事した近藤新治は、次のように書いている。

> ガ島撤収部隊の実情を視察するため、ブーゲンビル島エレベンタ泊地に到着していた参謀次長〔田辺盛武中将〕が、東京あて発信した報告電の一節に、次のような箇所がある。
>
> 当初より「ガ」島上陸総兵力の約30%は収容可能見込にして特別のものを除きては、ほとんど全部撤収しある状況なり
>
> この文中の「特別のもの」とは、一体何なのであろうか。〔中略〕多くは全戦線にわたってかかえ込んでいた動けない患者なのである。

単独歩行不可能者は各隊とも最後まで現陣地に残置し、射撃可能者は射撃を以て敵を拒止し、敵至近距離に進撃せば自決する如く各人昇汞錠（しょうこうじょう）〔強い毒性を持つ殺菌剤〕二錠宛を分配す

これが撤収にあたっての患者処置の鉄則だったのである。

（「ガダルカナル作戦の考察（1）」）

つまり、すでに、七割の兵士が戦死・戦病死（その多くは餓死）し、三割の兵士が生存しているが、そのうち身動きのできない傷病兵は昇汞錠で自殺させた上で、単独歩行の可能な者だけを撤退させる方針である。対外的には赤十字条約に批准しながら、国内的には残置を認めないという典型的なダブルスタンダードである。

当時、第一七軍参謀長としてガダルカナル島に派遣されていた宮崎周一少将も、同島で米軍と戦っていた佐野忠義第三八師団長から、自分の部隊では、第一線撤退にあたり、今後「単独行動不能の者」は自決すること、「その際その時を以て戦死と認むる」ことを部下に伝えたところ、「銃口を自ら口に含みて最後を遂げたるもの少なからず」という話を聞いている（『大本営陸軍部作戦部長　宮崎周一中将日誌』）。

また、撤退のため、集結地であるエスペランスへの患者輸送を命じられた歩兵第二二九連隊の下士官、種村清も、「できるだけ安全を期し、すみやかにエスペランスに到着すべし」、「歩行不能の者には自らで身を処するよう説得せよ」、「生死の意識なき者は始末するように」という「心得」が「引率者」に渡されていたと証言している（『生かされて生きる』）。

抵抗する兵士たち

ガダルカナル島撤退から三ヵ月後の五月には、北太平洋アリューシャン列島のアッツ島で日本軍守備隊が米軍の攻撃を受けて全滅するが、このときは、全滅直前の最後の総攻撃（いわゆる「万歳突撃」）に参加できない傷病兵が殺害され、あるいは自決を強要された。以後、離島の守備隊が全滅するたびに同様の悲劇が繰り返されることになる。

一九四四年のインパール作戦では、戦闘に敗れて退却する過程で、多くの傷病兵が行軍途中に落伍した。雨季に入り激しい雨が降るなかでの徒歩の行軍である。落伍者が出るのは当然である。しかし、軍は捕虜になるのを恐れて落伍者に対して容赦ない方針で臨んだ。

この作戦に従軍した独立輜重兵第二連隊の一兵士、黒岩正幸によれば、中隊に部隊の最後尾を歩き落伍者を収容する「後尾収容班」がつくられたが、その実態は、「落伍兵に肩を貸すどころか、自決を勧告し、強要する恐ろしい班」だった。また、同班解散後に新たに編成された「落伍者捜索隊」も、「落伍者を発見すると、歩けるかどうかを問いただし、歩けない者には自決を勧告し、武器を持っていない者には小銃をかすか、手榴弾を与え、ちゅうちょすれば強制し、応じなければ射殺した」という(『インパール兵隊戦記』)。

もちろん、「処置」命令に抵抗する衛生兵もいた。第三〇師団第四野戦病院に所属していた衛生伍長の平岡久は、一九四五年六月、フィリピンのミンダナオ島で、部隊の撤収に際し、患者収容隊に収容中の兵士で「戦闘にたえざる者は適宜処置すべし」という師団長命令を大隊長から伝えられた。そのときの状況を平岡は、次のように記している。

「処置すべし」の意味は判りますが、多少のヒューマニズムも持ち、旅順、大連時代、成規類聚〔陸軍の法規全書〕で国際赤十字条約も少しは知っており、赤十字の腕章を持っている私は精一杯の抵抗をしました。「『処置すべし』とは如何なる事でありますか」「この大馬鹿者奴(め)、帝国軍人として戦友に葬られる事こそ最高の喜びじゃ！やれ！」と大喝され、刀のツカをたたいて怒鳴りつけられると「判りました」と答えてしまいました。（『戦争と飢えと兵士』）

結局、この殺害命令は実行されるが、将校や衛生兵のなかにも命令の実行をためらう者がいた。

また、「処置」に抵抗する傷病兵もいた。ルソン島で兵站(へいたん)病院に勤務していた陸軍曹長の大島六郎は、「軍の厳しいおきては、生きて虜囚の辱めを受けずだった。動けない者は、自決でなければ他殺が不文律だったのである」としつつ、撤退時の病院内の混乱について長い回想を残している。要約するならば、一九四五年一月、兵站病院の撤退に際して「処置」の命令が下った。命令を受けた衛生兵たちは躊躇(ちゅうちょ)しながらも、熱が下がり元気になる薬だと称して、傷病兵に薬物を次々に注射してまわった。そのとき、ある傷病兵は、「おい衛生兵！きさまたちは熱が下るなんぞ、いい加減なことをぬかして、こりゃ虐殺じゃないかッ」と抗議し、これに同調し何人かの傷病兵が怒号をあげたという（『処置と脱出』）。

ちなみに、NHK「戦争証言」プロジェクト『証言記録　兵士たちの戦争①〜⑦』には、自殺や処置を目撃した兵士たちの数多くの証言が収録されている。

軍医の複雑な思い——自傷者の摘発

ここで、処置の問題と関連して、傷病兵の治療以外に軍医が果たしている役割について、もう少し触れておきたい。具体的には自傷者の摘発である。

自傷とは、激しい戦闘などで戦意を失った兵士が最前線から離脱するため、小銃などで自らの身体を傷つけ戦闘で負傷したように装う行為である。

歩兵第五五連隊の将校として北ビルマ戦線で従軍した井上咸は、一九四三年後半から四四年末にかけての状況について、「『ああひと思いに、頭に一発ポンと来てくれんかのう』と壕の中で自棄の言葉がささやかれるようになった頃、ボツボツ自傷者が出はじめた。毎日、毎日、死との格闘に疲れ切った兵隊がひそかに自らを傷つけ、負傷者として前線を離脱しようというのである」と書いている（『敵・戦友・人間』）。ビルマは現在のミャンマーである。

同様に、同じ歩兵第五五連隊の将校だった古賀保夫も、一九四四年に入った頃から、

「いつ果てるともない戦い。苦労辛酸をなめた兵の間には、いつしか厭戦気分が生まれていた。〔中略〕厭戦気分の表明は自傷者に顕示されていた。それまでは思いもよらなかったことが兵隊の間に囁かれ始めた。『彼奴（あいつ）、とうとう自分で負傷しやがった』」と回想している。古賀によれば、非番となって野戦病院から帰ってきた兵士に聞くと、「『軍医も自傷と知っていても、もう黙っているようになっています』と無表情に答えた」という（『死者の谷』）。

軍医もあきらめ、自傷者を見逃しているということだろう。成功に終わった初期作戦のなかでも、フィリピンのバターン半島攻略戦は、参謀本部の判断ミスもあって、第六五旅団などの日本軍が大きな損害を被ったことで知られている。この作戦に同旅団の軍医として参加した伊藤篤は、次のような短歌を残している。

創縁に煙硝しるきあとあれどこの極限に何を責むべき　（『戦塵風塵抄』）

野戦病院に運び込まれてきた負傷兵の傷口に、発砲の際に生じる硝煙の黒い残りカスがくっきりと残されている。明らかに自傷者である。しかし、この軍医は戦場の極限状態のなかで自傷した兵士を責めようとはしていない。
しかし、このような状況があったからこそ、軍としては自傷者の摘発に力を入れるようになる。戦後、陸上自衛隊衛生学校が編んだ『衛生戦史　フーコン　硫黄島作戦』は、北ビルマのフーコン作戦について次のように書いている。

前線に進出した野戦病院等は、夜中もジャングルの壕の中で、次から次と運びこまれる患者をローソク一本の明りで治療しながら自傷患者をチェックした。自傷患者は、なにによって判別するかについては、事前によく研究した。その結果次の点で判別できるという結論が出た。
（1）負傷の部位は、生命に別状がなく、また、じ後の生活に困らない左手の下肘部から先が多い。（右手は皆無とはいえないが左手の場合が圧倒的に多い）。
（2）自傷の場合は、〔銃で自分の腕などを撃つ結果〕銃口から負傷部位までの距離が短いために、傷口にガスが黒く付着している。（動物実験した結果、距離約2mまではこのガスが傷口につくことを確認した）。〔中略〕このチェックにおいて自傷を発見された者も幾人かおり、その中には将校もいた。それらの者に対し、一人一人裁判〔軍法会議〕をして判決をくだす余裕は第一線にはないので、厳重な注意をして前線へ送り帰した。

自傷行為に走らざるをえないほど、兵士たちは肉体的にも精神的にも追いつめられていた。戦後書かれたものであるにもかかわらず、右の文章にはそうした兵士たちの精神的なケアという発想がまったく感じられない。

強奪、襲撃……

日本軍兵士による自国軍兵士の殺害は「処置」だけではない。もう一つは、食糧などの強奪を目的とした襲撃である。

歩兵第一三八連隊付きの軍医として、インパール作戦に従軍した中野信夫は、退却する日本軍の状況について次のような見聞を記している。

この地獄の靖国街道に鬼が出没するという話が伝わってきた。小は数人、大は将校を頭に二、三十人もの強盗団が出没するのである。日本の将兵が日本の将兵から食糧を強奪するという話である。我が第二大隊の主計下士官以下、約十人がトンヘで受領した食塩などの補給食糧を、帰隊の途中で拳銃や銃をかざした約二十名の日本兵の集団にまきあげられ、青くなって大隊に駆け戻って来たこともあった。

（『靖国街道』）

飢餓がさらに深刻になると、食糧強奪のための殺害、あるいは、人肉食のための殺害まで横行するようになった。一九四四年に召集され、フィリピンのルソン島で終戦を迎えた元陸軍軍医中尉の山田淳一は、日本軍の第一の敵は米軍、第二の敵はフィリピン人のゲリラ部隊、そして第三の敵は「われわれが『ジャパンゲリラ』と呼んだ日本兵の一群だった」として、その第三の敵について次のように説明している。

彼等は戦局がますます不利となり、食料がいよいよ窮乏を告げるに及んで、戦意を喪失して厭戦的となり守地を離脱していったのである。しかも、自らは食料収集の体力を未だ残しながらも、労せずして友軍他部隊の食料の窃盗、横領、強奪を敢えてし、遂には殺人強盗、甚だしきに至っては屍肉さえも食らうに至った不逞、非人道的な一部の日本兵だった。（前掲、『比島派遣一軍医の奮戦記』）

ルソン島における人肉食については、第六三兵站病院の衛生伍長だった山宮源太郎も記録を残している。敗戦を知らずに山岳地帯に残留していた山宮たちの部隊は、日本兵を殺害して食糧を強奪し人肉食を続ける将校に率いられた小グループに対して、一九四五年九月、「討伐隊」を出動させ、その陸軍大尉を捕らえることに成功した。陸軍大尉は人肉を常食としていたことを認め、その場で「討伐隊」の隊員である山宮たちによって射殺されている（『白の十字架　第六十三兵站病院追想記』）。

同書の刊行委員会は、山宮のこの文章について、「山宮氏の執筆による『斬込み隊の悲劇』はその記録・描写が、あまりにも悲惨なところからこの採否についての論議が重ねられました。しかし、極限状態における人間の、この実録こそ、一面に平和の尊さを教え、戦争の愚かさを示してくれるものとして敢て原文のまま掲載することにしました」とコメントしている。ちなみに、日本軍の人肉食に関する先駆的研究としては、オーストラリア軍の史料に基づいた田中利幸の研究、『知られざる戦争犯罪』がある。

なお、軍法会議の手続きを省略した「処刑」（死刑）があったことも付言しておきたい。

戦争末期のフィリピンやブーゲンビル島などでは、食糧を求めて離隊した兵士を「逃亡兵」として取り扱い、軍法会議の法的手続きを踏まずに射殺しているケースが少なくない（『戦場の軍法会議』）。これもまた、日本軍による自国軍兵士に対する違法な殺害である。

以上のように、約二三〇万人といわれる日本軍将兵の死は、実にさまざまな形での無残な死の集積だった。その一つひとつの死に対するこだわりを失ってしまえば、私たちの認識は戦場の現実から確実にかけ離れていくことになる。

第2章

身体から見た戦争

——絶望的抗戦期の実態 II

1　兵士の体格・体力の低下

徴兵のシステム

兵士一人ひとりの身体には、その時代その時代の歴史が刻まれている。同じ兵士だということで、日清・日露戦争期の兵士の身体とアジア・太平洋戦争期の兵士の身体とを同一視することはできない。そのことを踏まえながら、ここでは、心の問題も含めて、身体という側面から、日中戦争やアジア・太平洋戦争期の兵士をとらえ直してみたい。

日本の陸海軍は、日中戦争の長期化やアジア・太平洋戦争の開戦によって、年々多数の兵力を必要とするようになっていった。年次別の兵力数の推移を示したのが2-1である。アジア・太平洋戦争期に急速に拡大していることがわかる。

戦争に必要な兵員数を満たすため、陸海軍は徴兵検査などの見直しに取り組んだ。一九二七年に公布された兵役法によって、満二〇歳の青年は徴兵検査を受検することが義務づけられていた。

徴兵検査では全国一律の基準で身体検査が行われ、身長や身体の強健度を基準にして、身体的な「格付け」が行われ、その優劣に従って一人ひとりの青年は順次、甲種・第一乙種・第二乙種・丙種・丁種・戊種にふるい分けられる。甲・乙種が現役に適する者、丙種が現役には適さないが国民兵役には適する者、丁種は兵役に適さない者、戊種は翌年再検査の者である。現役とは軍隊に入営して軍務につく者のことをいう。国民兵役は、身体的に劣る者などが服する兵役で、兵力がよほど不足しなければ召集されることはない。

2-1　陸海軍の兵力（単位：人）

年　次	総　数	陸　軍	海　軍
1930年	250,000	200,000	50,000
1931	308,430	230,000	78,430
1932	383,822	300,000	83,822
1933	438,968	350,000	88,968
1934	447,069	350,000	97,069
1935	448,896	350,000	98,896
1936	507,461	400,000	107,461
1937	634,013	500,000	134,013
1938	1,159,133	1,000,000	159,133
1939	1,620,098	1,440,000	180,098
1940	1,723,173	1,500,000	223,173
1941	2,411,359	2,100,000	311,359
1942	2,829,368	2,400,000	429,368
1943	3,808,159	3,100,000	708,159
1944	5,365,000	4,100,000	1,265,000
1945	7,193,223	5,500,000	1,693,223

出典：東洋経済新報社編『昭和国勢総覧（下）』（東洋経済新報社，1980年）

日中戦争が始まる頃までは、必要とされる兵員数がそれほど多くなかったため、おおよそ、甲種合格者が現役兵として入営し、第一乙種が第一補充兵役、第二乙種が第二補充兵役とされた。補充兵役とは現役兵に欠員が生じた場合の補充要員、ある

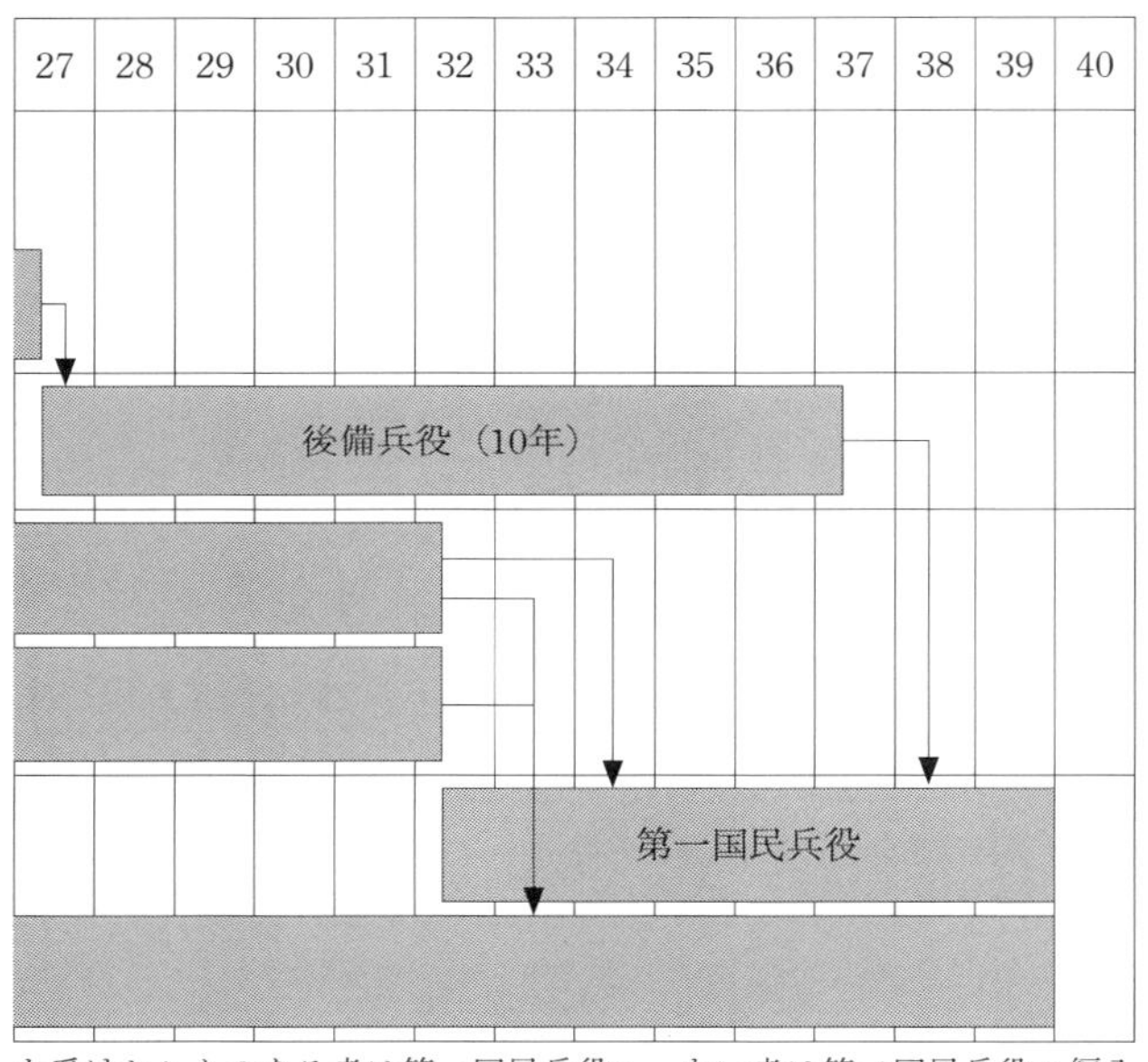

を受けたことのある者は第一国民兵役へ，ない者は第二国民兵役に編入

要』第17巻第2号，2015年）．ただし一部補訂した

いは戦時に兵力が不足した場合の補充要員である。甲乙につぐ丙種は第二国民兵役とされ、第二補充兵役と第二国民兵役の者は事実上の兵役免除だった。

また、陸軍の場合で言えば、二年間の現役兵としての在営期間を終えて除隊し民間人にもどっても、有事の際の召集に備えて五年四ヵ月の予備役、その後は一〇年間の後備兵役に服さなければなら

2-2　日中戦争前の兵役区分と服役年限（陸軍）

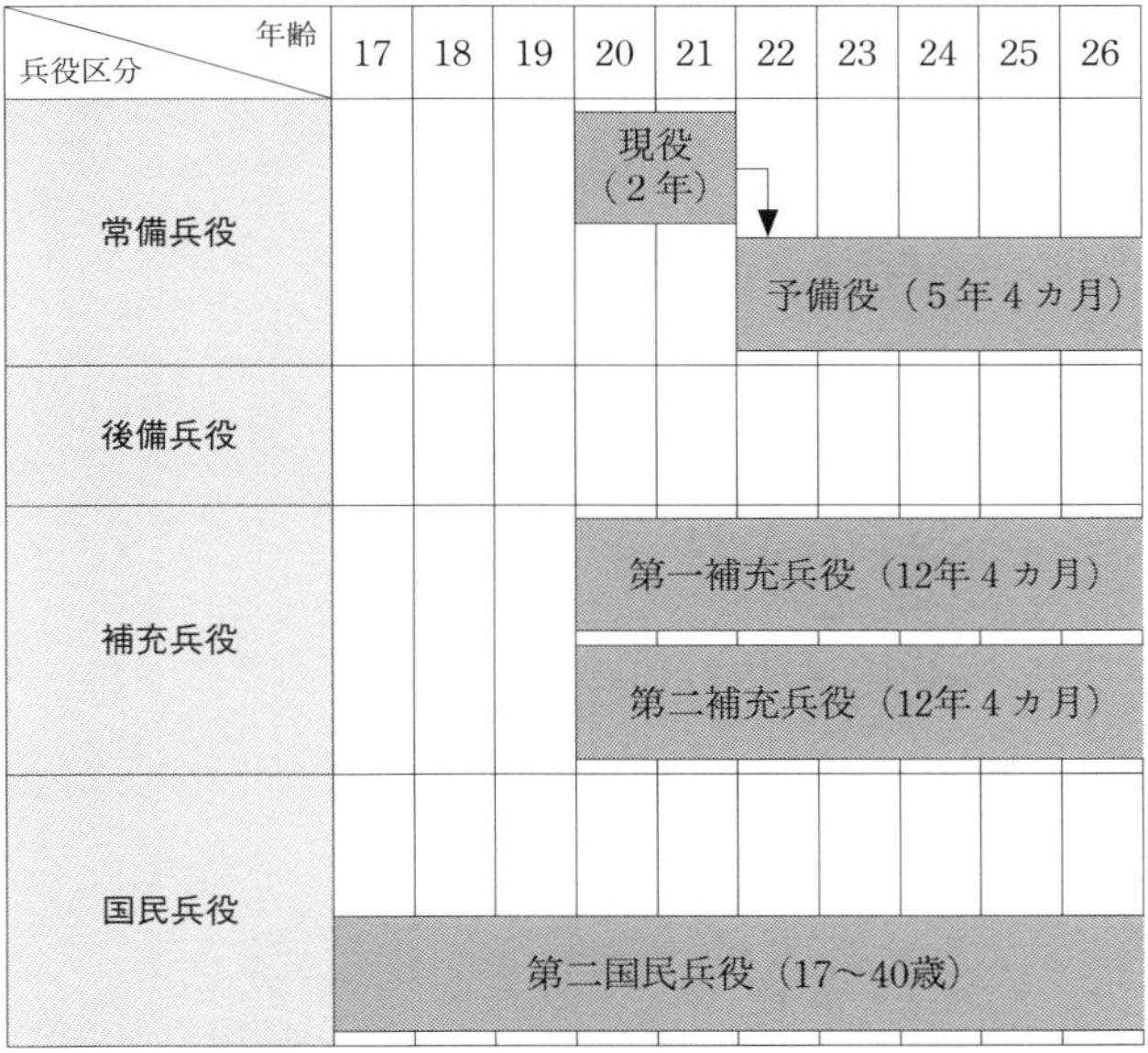

兵役区分＼年齢	17	18	19	20	21	22	23	24	25	26
常備兵役				現役（2年）						
						予備役（5年4ヵ月）				
後備兵役										
補充兵役				第一補充兵役（12年4ヵ月）						
				第二補充兵役（12年4ヵ月）						
国民兵役	第二国民兵役（17～40歳）									

註記：第一補充兵役を終えた者のうちで教育召集により短期の軍隊教育される
出典：長野耕治ほか「日本軍の人的戦力整備について」（『防衛研究所紀

なかった。陸海軍ともに、主として後備兵役を終えた者が服するのが第一国民兵役である（2-2を参照）。

現役徴集率の増大

日中戦争の全面戦争化、長期戦化によって大規模な兵力動員が始まると、第一乙種まで現役兵として徴集されるようになり、第一補充兵役には第二乙種があてられることになった。その結果、一九三九年には、第二補充兵役要員として、第三乙種が新設されることになる。これに伴い、一九四〇年一月には、陸軍身体検査規則が改正され徴兵検査の基準が大幅に引き下げられた。

改正のポイントは、「身体または精神にわずかな異常があっても、軍陣医学上」、軍務に支障なしと判断できる者は、「できるだけ徴集の栄誉に浴し得るよう、身体検査の条件を全般的に緩和した」ことである。

具体的には、「従来ちょっとした疾病異常、特に眼、鼻、耳、手足の指等の故障のため現役兵として入営する事のできなかった者も、今後は適材適所を選んでできるだけ入営させ、また徴集免除すなわち丙種となっていた者もできるだけ乙種に繰り上げられる事になった」(「衛生部関係法規抜萃」)。身体的だけでなく精神的な問題を抱える青年も徴集するという方針に注目する必要がある。なお、当時、知的障害は「精神薄弱」と呼ばれ、精神疾患の一つとされていた。

さらに、その後、一九四一年の兵役法改正では後備兵役を廃止し、陸軍では予備役を一五年四ヵ月に、海軍では一二年に延長している。

こうした一連の措置の結果、現役兵の徴集率は急速に増大する。一九三七年の陸海軍現役徴集者数（志願兵を含む、以下同様）は、一八万七〇〇〇人で徴兵検査受検人員に占める割合は二五％、四一年は三八万六〇〇〇人で徴集率は五四％、四三年は四一万三〇〇〇人で徴集率は五八％、四四年は一一三万六〇〇〇人で徴集率は七七％である（『徴兵制』）。

一九四四年には徴兵適齢が満一九歳に引き下げられたため、満一九歳と満二〇歳の二年分の徴兵が行われている。その一方で体格が劣る補充役兵や年齢の高い予備役兵、国民兵役兵の召集も拡大せざるをえなくなってくる。そのため、体格や体力の劣る兵士、病弱な兵士が軍隊のなかで増大することになる。その変化をよく示すエピソードを紹介しておこう。

陸軍では有事に備えて平時から軍服などの戦用被服を備蓄し、平時にはそのなかから必要数を現役兵に支給して更新していた。元陸軍少将の山崎正男は、この問題について次のように回想している。兵士の体格の低下を端的に示す話である。

しかし現在でも同じだが、過去においても体格は逐次向上した。だから過去において準備された戦用品を、その後において平時用にまわそうとしても、そのときはすでに兵の体格が大型化している。かくして小型の戦用被服は更新の機会がなく、長期間にわたり倉庫に保管されたままになっていた。ところが戦争末期になって、いわゆる根こそぎ動員が実施されると、いままで軍要員とされていなかった背の低い第二補充兵がぞくぞくと入隊してきた。そのおかげで、倉庫に眠っていた小型の被服が一挙にはけて、なお足りないということになった。

（「軍動員関係事項の概説」）

「昔日の皇軍の面影はさらにない」

次に現役兵の状況を見てみよう。中国に駐屯していた第六八師団の場合、軍隊生活が長い古年次兵の体重は概ね五六キロの平均値を示していた。それに対し、一九四五年三月に現地に到着した現役兵の平均体重は約五〇キロにすぎず、「その他、胸囲および負担早駆〔土嚢などの重量物を担いで疾走させる体力検査〕はもちろん、各種体力検査において本年度初年兵は例年の初年兵に比し、著しき遜色を示し」ていた（「衛生史編纂資料」）。

戦死や戦病死、戦傷や疾病による損耗を補充するために、日本本土から戦地に送られてくる補充員（補充兵）の体位や体力も眼にみえて低下していた。中国戦線で大陸打通作戦の一環である湘桂作戦（一九四四年五月〜一二月）に従軍した加藤三雄は、次のように記している。

補充員はたくさん来た。その半数は第二国民兵の未教育兵、年令も三十才以上、部隊へ着くのがやっと、ほとんど半病人のありさま、こんな様子だから現地での教育もできず、八月下旬再び行動開始で出発したが、約一ヶ月ぐらいの間にほとんど野戦行動に堪えず落伍してしまった。昔日の皇軍の面影はさらにない。

（『第三師団衛生隊　回顧録』）

第二国民兵は第二国民兵役に服している者から召集された兵士、未教育兵とは、短期間のものであれ軍隊教育をまったく受けていない兵士のことをいう。

第一三師団歩兵第一〇四連隊の下士官として、中国戦線を転戦した西沢保も同様の体験をしている。一九四四年初頭、西沢の中隊に四十数名の補充員が新たに配属された。召集後、すぐに中国に送られてきたため、「銃の扱いも出来ず、しかも兵器一つ持たずに手ぶらでやって来た」だけでなく、「このたびの補充兵は第二乙種、中には丙種繰り上げ〔丙種から乙種への繰り上げ〕もおり、身体が不揃いで、特に智恵遅れの兵がいた」。西沢によれば、そのうちの一人は、「特に頭が弱く、仮名も書けぬほどであった」という（『実録　戦場の素顔』）。

一九四二年二月から華北で従軍した元陸軍衛生軍曹の桑島節郎によれば、一九四二年の時点で彼が所属していた中隊の八割が現役兵だったのに、四四年の時点ではそれが約六割に低下したという。

補充員に関して桑島は、一九四四年「以降に入隊した補充兵の年齢は、いずれも三十過ぎの老兵で大半は妻子持ちであった。現役兵は年齢も若く独身であるから何も考えず、向こう見ずの無鉄砲さが売り物である。したがって戦闘にも強いといえるが、補充兵の老兵ともなると弾丸に対する恐れは非常に強かった。いとしい妻子を故国に残して来た身ゆえ、当然であろうと思う。はたから見ても顔にも態度にも、ビクビクしたところがあり、お世辞にも強い兵隊とはいえなかろう」と指摘している（『遥かなる華北』）。要するに、体格や体力、気力の劣る弱兵が増加したのである。

知的障害者の苦悩

西沢保の回想にもあるように、知的障害者の入営も新たな事態だった。これには、先述した一九四〇年の陸軍身体検査規則の改正による検査基準の緩和が影響しているものと考えられる。

国府台陸軍病院の軍医として、各部隊で「智能検査」を実施した浅井利勇によれば、部隊によって差異があるものの、多いところでは、「精神薄弱」が3～4%に達したという（『第二次大戦における精神神経学的経験』）。

軍は知的障害者の存在に関心を持つようになるが、それは軍務に適応できない彼らが脱走や自殺を試みることが多かったからだろう。一九四二年六月、浙江省杭州の第二二師団野戦病院で小銃自殺したある陸軍一等兵の事例を見てみよう。

彼は補充交代要員として、同地に到着したが、原隊出発から同地到着の間に、「ほとんど無口にして戦友と談笑せるが如きこと一度もなく常に孤独」の状態にあった。部隊到着後もほとんど戦友と談話することはなく、四日目に自殺している。その後の調査によれば、「本人は頭脳明晰を欠き」、「小学校尋常科第三学年を修了せるのみにして片仮名を書き得る程度」であり、同地到着後に実施した「智能検査」でも、「水準以下」と判定されていた。

この兵士は、他の兵士に比べて記憶力や理解力が劣ることに常に苦悩しており、前年九月には衛兵勤務中に逃亡している。そのため禁錮五ヵ月の判決を受け、一九四二年二月に陸軍刑務所を出所したばかりだった。報告書は、長期の輸送、到着後の「智能検査」、作戦準備の開始など、環境の激変により発作的に自殺したものと判断している（「軍中自殺事件状況報告」）。

結核の拡大——一個師団の兵力に相当

兵士の体格、体力の低下は、大量の兵力動員が必然的にもたらしたものだったが、一面では社会で生じている変化の反映でもあった。

一九四三年度の軍医部長会議で、陸軍省医務局長は、我が国の人的資源の現況は、農村子弟の都市集中、労働者、特に青少年者の労働強化、結核の蔓延および国民生活の悪化など、青年男子の「体力に及ぼす悪感作の増加のため」、青年男子の体力は年々低下する状況にあるとしている（「昭和十八年軍医部長会議における医務局長　野戦衛生長官指示」）。

つまり、重化学工業化に伴う都市への人口移動、頑健な農村出身兵士の減少、青年労働者の労働環境の悪化、国民生活、特に食生活の悪化、結核の蔓延などが兵士の供給源である青年の体力を低下させているという指摘である。なかでも、結核の問題は深刻だった。

当時、有効な治療薬のない結核は、「国民病」、「亡国病」などと呼ばれていた。統計によれば、一九三二年から四四年の間に総死亡率が低下を続けているにもかかわらず、結核死亡率だけは急速に上昇している。特に、二〇～二四歳の男性の結核死亡率が爆発的に増加しているのが特徴的である。軍需産業の拡充に伴う重化学工業化の進展と陸海軍兵力の増大によって、工場や軍隊における集団感染が拡大したことがその原因の一つだった（『結核の歴史』）。

軍隊内における結核の蔓延も深刻な問題だった。一九三九年三月二五日に開催された陸軍結核予防規則制定準備委員会で、三木良英・陸軍省医務局長は、日中戦争の「勃発以来、陸軍の結核性疾患に因る除役者〔兵役から除かれた者〕は約26、000名の多きに達せり。これはほぼ1ヶ師団の兵力に相当す。軍としては国防を担当する青年層に本疾患の多発しあることは深憂に堪えず」と発言している（前掲、『陸軍省業務日誌摘録前編』)。

医事課長の鎌田調も、同年六月一〇日の口演で、主な徴兵検査不合格者として、「筋骨薄弱、結核性疾患、視力障害、外傷性不具、短尺〔身長が規定に満たない者〕等」をあげ、「この中、最も注意を要しますのは、筋骨薄弱および結核性疾患で丙、丁種増加の主因をなして」いると指摘している(「地方衛生技術官等会同席上における陸軍省医事課長口演要旨」)。結核患者は陸海軍の人的資源を確実に枯渇させていた。

虫歯の蔓延、〝荒療治〟の対応

序章でも少し触れたが、歯科患者の問題も依然として深刻だった。前線における口腔衛生の状態はアジア・太平洋戦争期に入っても、日中戦争期とあまり変わらなかった。

一九四三年、現役兵として歩兵第四五連隊に入隊し、湘桂作戦に参加した川崎春彦は、「行軍中、歯磨きと洗顔は一度もしたことはなかった。万一、虫歯で痛むときは、患部にクレオソート丸〔現在の正露丸〕を潰して埋め込むか、自然に抜けるのを待つという荒療法である。しかし、この二年半の不衛生な生活は、後年の健康に大きな蔭を落とす結果となった」と書いている(『日中戦争　一兵士の証言』)。

第二師団野砲兵第二連隊に、一九四一年一〇月に召集された吉田慎一は（当時二七歳）、ガダルカナル島戦終了後、フィリピンに駐屯していた。吉田によれば、「この頃になって、私の歯はすっかり駄目になった。今までは無理に我慢していたが、戦地ではどうにもならなかった。それが、ここにきてもう頂点に達した。歯痛はひどいし、ぐらぐら動く歯もでてきたが、陸軍病院ではどうしても直してくれな」い。結局、吉田は馬匹（馬のこと）受領のために向かった広東で中国人の歯科医に治療してもらっている（『あゝ応召兵』）。軍の側にしっかりした治療体制が整備されていなかったことがわかる。

兵士のなかに虫歯が蔓延していたのも確かだろう。「満州〇〇部隊」の陸軍歯科医、大月俊夫は、「昭和〇〇年度」に、同部隊現役兵の歯科患者に対して、「口腔診査成績の統計的観察」を行い、その結果を一九四二年に発表した論文にまとめている（文中の「〇〇」は伏字。以下、同様）。その結論は要約すれば、次のようなものだった。

歯科疾患患者は極めて多数であり、特に齲蝕症（虫歯）の蔓延状態が如何に深刻であるかがわかる。なお、これに対する「予防処置並に加療処置」が等閑に付されていることをうかがい知ることもできる。したがって、陸軍においては「完全なる歯科」を設置し、「口腔衛生に対する注意を喚起し、口腔疾患の予防、早期発見並に早期治療等を徹底」させることが急務であると痛感する。

（「昭和〇〇年度歯科患者の口腔診査成績について」）

2　遅れる軍の対応——栄養不良と排除

給養の悪化と略奪の「手引き」

体格、体力の低下に対する最大の対策の一つは、給養を豊富にすることだろう。給養とは軍隊では兵員に食糧や生活必需品を供給することをいう。すでに一九四〇年前後から、中国戦線の部隊の給養は悪化し始めていた。「軍需品の需要が急増してきたため、部隊は兵器、弾薬、被服、衛生材料以外は、内地からの補給を期待出来なくなった」のである。

それまでは、「前線の将兵は、内地製のレッテルを貼った食物、石けん、かみそり等の身のまわり品を、ほとんど望み通り〔日本から〕軍事郵便で送ってもらったり、あるいは部隊より支給されたりしていたが、それも次第に乏しくなってきた」。そのため、食糧品の「自給自活」が求められ、野菜類の栽培、食用動物の飼育などが始まっている（『支那駐屯歩兵第三連隊誌』）。

事実、一九四〇年からは、日中戦争の戦費節減と「現地自活」方針が強行されていた。そのため、現地軍は前年比で三割の戦費節減をよぎなくされていた（『戦史叢書　支那事変陸軍作戦〈３〉』）。

「現地自活」の強化は、すでに常態化していた中国民衆からの略奪をいっそう強化することを意味した。日中戦争の勃発後、一九三七年一一月には天皇直属の最高統帥機関である大本営が設置されていた。その大本営に直属する野戦経理長官部（長官は陸軍省経理局長の兼任）は、一九三九年三月に、『支那事変の経験に基く経理勤務の参考（第二輯）』を発行しているが、その第四項、「住民の物資隠匿法とこれが利用法」は、事実上、略奪の「手引き」となっている。中国民衆が日本軍に奪われるのを恐れて「隠匿」している食糧などの物資を、どのようにして発見するかが、この冊子の主題だからである。「北支における住民の物資隠匿慣用手段左の如し」として列挙されているもののなかから一つだけ要約して引用する。

煉瓦造り建物の室内外の小入り口を煉瓦で閉鎖して、その内部に隠匿し、あたかも入り口がないように偽装していることがある。これらはもともとの壁と新造の壁とを比較してみれば、容易に見抜くことができる。また前方に煉瓦壁を設けその後方の家屋、倉庫等の全体を「掩蔽（えんぺい）」〔覆い隠すこと〕していることもある。この場合には壁を破壊する必要がある。

内地部隊の給養についても見てみよう。

陸軍省医務局が、敗戦後にGHQ（連合国最高司令官総司令部）に提出した報告書、「日本武装軍の健康に関する報告」によれば、内地部隊の兵士に対する一日の給養は、合計三四〇〇カロリー〔現在の表示法ではキロカロリー〕を標準としていた。しかし、国内の食糧事情の悪化のため、一九四四年九月以降、合計二九〇〇カロリーに減じられた。その結果、兵士の体重は、「戦前平均」の六〇キロからアジア・太平洋戦争の末期には五四キロにまで低下している。こうしたなかで、陸軍は農耕や家畜の飼育など、食糧に関する自給自活方針を強化していった（前掲、「アジア・太平洋戦争の戦場と兵士」）。

また、陸軍省は一九四二年五月に「軍隊保育要領」を公布している。これは、「体力強健ならざる兵」を同一の内務班に集め、軍務の負担の軽減や教育時間の短縮に配慮しながら、「計画的かつ漸進的に体力の増強を図る」ことを目的としたものだった。これまでも、体格、体力が劣り病弱な兵士を「保護兵」などとして一ヵ所に集めて、一般よりも軽度な特別な教育を行うことは各部隊で行われていたが、この「軍隊保育要領」によって、「陸軍総体としての保護兵制度が成立した」(『大同保育隊報告』)。

なお、「保護兵」だけで班を編成することには、古参兵による私的制裁から「保護兵」を守る狙いもあっただろう。

結核の温床——私的制裁と古参兵

結核対策は単に軍事医学や軍事医療だけの問題ではない。それは、軍隊生活の改善という問題とも関係してくる。結核の発症は内務班における苛酷な生活とも関連があるからだ。

陸軍少佐の西川理助は、自分は結核などの「胸部疾患の原因はその大部が『軍隊内務指導上の欠陥より来る』の主張者」であるとして、自らの経験を詳細に述べている。

西川が転任してきた中隊では、その年に初年兵から九人、二年兵から三人の結核患者を、ほぼ同一の内務班から出していた。中隊の人員数は通常、一五〇～二〇〇人ほどである。そこで兵士に聞き取り調査をしてみると、次のような状況が判明した（「内務指導上胸部疾患を如何にして予防すべきや」）。

西川によれば、その班の初年兵（入営一年目の兵士）は「心身ともに過労に陥り」、その結果、体力の弱い者から次々に罹患していった。まだ班に残っている数名の初年兵は身体強健の者ばかりだった。なぜ過労に陥ったかといえば、「その班には先日除隊したが、獰猛（どうもう）で惨虐を好む伍長勤務上等兵」がいて、班内では横暴の限りをつくし、特に初年兵に対して拷問のような私的制裁を加えることを好んだ。その私的制裁も「毎日連夜」に及んだため、「初年兵は演習や勤務に出ている間が最も楽で、安息所たるべき班内は地獄と同様に観念し」、そのため「心身の休まる時なく」、極度の過労に陥った。西川は、このように結論づけている。

同時に、西川は、初年兵は古参兵（入営二年目以上の兵士）の身の回りの世話をするため、食事を「早く掻（か）き込む悪習を強いられて、咀嚼が不十分となり」、それが重なって「栄養不良」となること、食事の分配は初年兵が行うため、「古参兵には量も質も多く良いものを付けるように」し、初年兵の食事は「一般に少く比較的悪いのを付けるようにするのが通例である」こともあわせて指摘している。

極度の過労と栄養の不良が結核の温床となっているという分析である。要するに、私的制裁に代表されるような軍隊生活の欠陥を根本的に改革しなければ、結核を防止することはきわめて困難だった。

しかし、軍は軍隊生活の改革に着手しなかった。結核患者に対する軍の基本的対策は、結局は「排除」だった。

レントゲン検査の「両刃の剣」

元陸軍軍医学校教官の大鈴弘文によれば、「陸軍において結核対策の重点は軍内結核の排除にあった。従って徴兵検査、入隊時の検査、定期身体検査で結核を早期に発見し、結核の軍隊内侵入を阻止する一方に、隊内で発生した患者〔胸膜炎、肺外結核〕は直ちに入院させ、病院は症状の固定するのを待って転役〔兵役区分を変更すること〕させ軍隊外に排除することにしていた」（『大東亜戦争陸軍衛生史6』）。

このため、徴兵検査の際にレントゲン検査を行うことが決定され、一九四一年度の徴兵検査は受検者の半数に対して、四二年度は受検者のほとんど全員に対して同検査が実施されている（「健兵対策座談会記事」）。

しかし、排除方針は「両刃の剣」でもあった。陸軍軍医学校の三人の軍医が書いた報告書は、歩兵第一連隊および工兵第一連隊が補充兵の入隊時に実施した身体検査について、次のように言及している。

身体検査の際、「既往症に肺結核ありとしてまたは自ら肺結核患者なりとして、診断書ないしはレントゲン写真を携え」、当然入営しないまま自宅に帰れるものと考えて、受診を申し出る者が多数いたため、医務室はその応対に忙殺された。しかし、別の機会に歩兵第一連隊の「この種の兵の胸部レントゲン検査を行」ったところ、「大多数は認むべき所見なく」、入隊して軍務についても問題のない者たちだったという。

三人の軍医は、レントゲン検査の機器を持たず近隣に陸軍病院が存在しない部隊の場合、入営の可否を短時間で判断しなければならないこともあって、傾向としては結核の病歴を訴える者は、症状を「重く見らるる嫌なきにあらずと言う」と書いている（「集団胸部レントゲン検査について（其一）」）。

つまり、当時の軍事医学の水準からすれば、レントゲン検査によって結核患者であるか否かを正確に判定すること自体が困難だった。そのため少しでもその可能性がある者は軍隊から排除せざるをえない。しかし、それは誤診の可能性、あるいは結核の既往症を強調して入営を免れようとする者が増大することを意味した。

京都帝国大学医学部を卒業し、一九四三年に召集された星野列は、入営時のレントゲン検査などの身体検査で「肺浸潤六ヵ月、休養を要す」との理由で、「即日帰郷」(帰宅)を命じられた。既往歴も自覚症状もなかったため、帰宅後、結核研究所で精密検査を受けたが、異常なしと判定されている(『傷痕』)。

船舶工兵補充隊の軍医(見習士官)として、一九四五年三月に召集された酒匂正明の回想にも興味深いものがある。酒匂の仕事の一つは、召集兵の入営時の健康診断だったが、「軍需工場の重要な要員」が召集されてくることがよくあった。そんなときは、「誰々を頼むとだけ書かれた紙片」を渡され、酒匂は「その要員にちょっと聴診器を当てて、姓名のかしらに、『レ』印をつけて、傍らに、『右肺浸潤』とだけ書けば」、すぐに除隊になった(『あゝ痛恨　戦争体験の記録』)。

肺浸潤とは、当時、肺結核が強く疑われる、あるいは初期の肺結核という意味で使われていた言葉である。陸軍関係の軍需工場の基幹的な熟練労働者を確保するための措置だと思われるが、結核が召集解除の恰好の理由づけとされていたことがわかる。

一九四四年に始まった「集団智能検査」

知的障害者の問題に関しては、独自に取り組んだ部隊もあったようである。

戦後、児童精神医学者となる高木俊一郎は、一九四三年一月に、第二航空軍野戦航空修理廠付きの軍医として、満州に赴任している。任地で、逃亡を繰り返す兵士のなかに知的障害者がいることに気づき、知的障害の兵士と窃盗、暴行などを繰り返す兵士によって特別作業隊を編成することを上官に提案し、実際に実現をみている。「非行兵」八〇人、「知能年齢最低5歳くらい」の知的障害者七〇人からなる部隊であり、彼らの能力や性格に配慮して作業内容を決めたという（『私の歩んだ道』）。

だが、基本的には、この問題でも排除の力学がより強く作用した。

一九四四年五月、陸軍省副官は、「軍隊教育能率の向上並びに軍隊における犯罪防止を図るため」に、「精神薄弱者および精神病質者対策要領」を制定し、全軍に通牒している（陸亜密第四六一九号）。同「要領」は、「精神薄弱（精神発育制止症）者および精神病質（性格異常）者は、その高度なる者は〔兵役から〕除役するとともに軽度なる者に対しては必要なる保護を加」えること、各部隊で、初年兵の入営時に「集団智能検査法」による「智能検査」と「精神健康調査」を実施し、問題のある兵士の「摘出」に努めること、などを規定していた。

また、一九四四年度の徴兵検査からは、全国の壮丁の一部に、「集団智能検査」を実施している（「軍隊における集団智能検査について」）。

水準、機器、人数とも劣った歯科医療

歯科医療の問題でも、日本軍の立ち遅れは明白だった。前線に配置されていた歯科医将校はあいかわらず、ほんのわずかだった。

フィリピンに駐留していた第一六師団の第二野戦病院の場合、野戦病院を分割した第一半部をもってレガスピー野戦病院を、第二半部をもってナガ野戦病院を開設していたが、前者では歯科医将校一人と歯科医師免許を持つ衛生兵が一人、後者には歯科医師免許を持つ上等兵一人が医師として勤務していたにすぎない（「昭和十八年七月一日　昭和十八年十二月三十一日『レガスピー』野戦病院歯科業務詳報」）。この「業務詳報」は、歯科医将校の問題について、「将来に対する意見」として、「野戦病院は分割開設するを常

とするを以て、歯科医将校の定員を二名以上に増加せられん事を希望す」としていた。なお、通常編成の師団（戦時には二万数千人規模）には第一から第四までの四つの野戦病院が付属していた。

欧米諸国は、第一次世界大戦の経験から歯科軍医制度の採用、拡充に踏み切っていた（『歯科医事衛生史　後巻』）。日本陸軍も第一次世界大戦の研究によって、欧米諸国が多数の歯科医を初めて軍に採用し、軍人の階級を与えていたことを認識はしていた（『交戦諸国の陸軍について（第四版）』）。しかし、対策は大幅に遅れ、敗戦時の陸軍歯科医将校は約三〇〇人にすぎない（前掲、『太平洋戦争と歯科医師』）。

日本軍捕虜の尋問や鹵獲（ろかく）した日本軍文書の翻訳、分析にあたっていたＡＴＩＳ（連合軍翻訳通訳部）は、「日本陸軍の歯科治療の水準は、連合軍より劣っている」、「日本陸軍の歯科用機器は連合軍より劣っている」、「日本陸軍は連合軍ほど歯科の観点から部隊の健康に注意を払っていない」と結論づけている（*Dental Service in the Japanese Army*）。

海軍の場合も、最初の歯科医科士官の一人だった浅野頼雄自身が、「文明が進んでくると、どこの国でも、歯科医を将校として採用しなければ困るような状態になってくる。日本の海軍では、太平洋戦争の直前に、やっとその制度ができたのである。それだけ、日本人の文化水準が低かったわけである」と総括している（『海軍歯科医大尉』）。

3　病む兵士の心――恐怖・疲労・罪悪感

入隊前の環境

戦場にいる兵士たちには、強い「軍人精神」が要求される。そのため、日本の場合で言えば、義務教育で徹底した「忠君愛国」教育が行われた。義務教育を終えて社会に出ると、仕事の合間に青年訓練所（一九二六年設置）に入り、入営前の予備教育を受ける。この青年訓練所は、一九三五年に青年学校に改組され、三九年には男子の入校が義務づけられた。

一方、一九二五年公布の陸軍現役将校学校配属令によって、中学校以上の学校には現役の将校が配属され、軍事教練が開始された。また、軍国熱や排外熱を煽（あお）る面ではマスメディアが大きな役割を果たした。さらに地域社会では、除隊した在郷軍人や帰還兵が残虐行為を正当化する言説で若者を教育した。

一九四二年に現役兵として入営し、歩兵第二一〇連隊に所属した飯田邦光は、「当時の日本人は、だれもが中国人を蔑視して『チャンコロ』などと呼び、中国人は利己主義で、川に誤って落ちた人が、『助けてくれ』と叫んでも『幾らくれる』とかの交渉が成立しない限りは助けてはやらない。また、戦争ともなればサッサと逃げてしまう、戦意のない国民である、とばかり教わり、頭から呑んでかかっていたので、北支の戦場にゆくといっても、それほど恐ろしいとは思っていなかった」として、次のように続けている。

それに、どこの市町村にも、中国戦線からの帰還兵が大ぜいいて、私たち若者は、これ等、無責任な帰還兵たちから、「中国人を幾人幾人ためし斬りにした」「あちらへ行くと、直ぐ度胸試しに〔銃剣で〕人を突かされる」「城門一番乗りをした」とかの自慢話や手柄話を聞かされて、「戦争とは面白そうだ」と、一種の好奇心から「おれも早く戦争に行ってみたい」などと思うようになったのである。

（『増上寺の新兵物語』）

教育としての「刺突」

こうして、若者たちは入隊する前から中国人に対する蔑視感や軍事至上主義的な価値観、残虐行為を容認する価値観などを自然に身につけて行った。そこにさまざまな矛盾や葛藤があったにせよ、である。

そうした教育の戦場における総仕上げが、「刺突」訓練だった。初年兵や戦場経験を持たない補充兵などに、中国人の農民や捕虜を小銃に装着した銃剣で突き殺させる訓練である。

藤田茂は、一九三八年末から三九年にかけて、騎兵第二八連隊長として、連隊の将校全員に、「兵を戦場に慣れしむるためには殺人が早い方法である。すなわち度胸試しである。これには俘虜〔捕虜のこと〕を使用すればよい。四月には初年兵が補充される予定であるから、なるべく早くこの機会を作って初年兵を戦場に慣れしめ強くしなければならない」、「これには銃殺より刺殺が効果的である」と訓示したと回想している（『侵略の証言』）。

この「刺突」訓練は、初めて体験する兵士にとっては衝撃的な出来事だった。

一九四三年三月、歩兵第二三五連隊の初年兵として初めて「刺突」訓練を受けた木下博民は、訓練中の初年兵の状況について、「まだ実行していない後ろの方で、貧血を起こして倒れた者がいた。さっき食べたばかりのご馳走を、そこらあたりに吐き散らしている者がいた。かろうじて実行しえた者も、いままでの陽気な影がふっ飛んで、顔じゅうの筋肉を固くこわばらせ、声を失ってしまっていた。〔中略〕ついに、二、三の兵隊は実行できないまま、古参〔古参兵のこと〕に軽蔑されて、この儀式は終った」と書いている（『戦場彷徨』）。

初年兵は、こうした非人間的な訓練や戦闘を繰り返すことによって、「戦場慣れ」していったのである。

「戦争神経症」

それにもかかわらず、激しい戦闘が兵士たちの精神状態に与えるダメージには深刻なものがあった。

独立工兵第一五連隊付きの軍医として、ニューギニアのギルワ地区の防衛戦を戦った柳沢玄一郎は、軍医の目で、陣地内の状況を次のように回想している。ここでも、栄養失調の問題が関連していることに注目したい。

当時の陣地内は、誰彼なしに、精神心理的に異常に興奮した状態にあって、些細なことにもいらだった。そして、兵のなかには、精神に異常の徴候を現わすものがではじめた。戦況が悲観的になるにつれて、突然に発狂した。被害強迫妄想、幻視幻聴、錯視錯聴、注意の鈍麻、散乱、支離滅裂、尖鋭な恐怖、極度の不安、空想、憂愁、多弁、多食、拒食、自傷、大声で歌い回るもの、踊り回るもの、なにもかにも拒絶するものなど、叡知（えいち）、感情、意志の障害があらわれた。すなわち、極限における人の姿であり、超極度の栄養失調症にともなう急性痴呆症の姿であった。

（『軍医戦記　生と死のニューギニア戦』）

事実、戦局の悪化に比例して、精神疾患患者は増大していた。2-3は、日本本土に還送された陸軍の戦病患者のうちで、精神疾患患者が占める割合を示している。戦局の悪化によって、患者を還送する病院船の運行自体が困難になっていることを考慮する必要があるが、精神疾患の拡大が確認できる。

戦時中における兵士の精神疾患の問題に関しては、近年、「戦争神経症」の問題を中

2-3 還送戦病患者中に占める精神疾患患者の割合（%）

年	割合
1937	0.93
1938	1.56
1939	2.42
1940	2.90
1941	5.04
1942	9.89
1943	10.14
1944	22.32
1945	5.24

註記：1944年の数値は同書の誤植を訂正した
出典：浅井利勇編『うずもれた大戦の犠牲者』（非売品，1993年）

心にして研究が進みつつある。「戦争神経症」は、現代では戦争が兵士にもたらすトラウマ反応の一種として理解されている。清水寛編著『日本帝国陸軍と精神障害兵士』、中村江里『戦争とトラウマ――不可視化された日本兵の戦争神経症』などが代表的研究である。

「戦争神経症」（war neurosis）とは、戦時に軍隊に発生する神経症の総称であり、ヒステリー性の痙攣発作、驚愕反応、不眠、記憶喪失、失語、歩行障害、自殺企図、夜中にうなされて突然声をあげる夜驚症等々の症状があった。第一次世界大戦中の激しい塹壕戦のなかで多数の患者が発生し、注目されるようになった。当初は、「シェル〔砲弾〕・ショック」（shell shock）などと呼ばれた。砲弾の爆発が原因だと考えられたからである。

精神障害兵士の専門病院、国府台陸軍病院の軍医で、戦後は作家としても有名になった斎藤茂太によれば、戦時中は「戦争神経症」と呼ぶと、「いかにも『戦争が原因でおこる』神経症という印象を一般に与えるおそれがあるという陸軍省当局の意向に配慮して」、「戦時神経症」と呼ぶこともあった（『うずもれた大戦の犠牲者』）。

発症の原因としては、「戦闘行動での恐怖・不安によるもの」、「戦闘行動での疲労によるもの」、「軍隊生活への不適応によるもの」、「軍隊生活での私的制裁によるもの」、戦闘中における自分のミスなど、「軍事行動に対する自責感によるもの」、「加害行為に対する罪責感によるもの」などが指摘されている（前掲、『日本帝国陸軍と精神障害兵士』）。

精神医学者による調査

戦争神経症の定義や判定は難しい問題だが、ここでは海軍航空機搭乗員の精神的疾患を取り上げたい。

一九四二年一月、ニューブリテン島のラバウルに進出して以降、海軍の第四航空隊は、一式陸上攻撃機（一式陸攻）によるニューギニア爆撃を行っていた。同隊にいた元海軍少尉の小西良吉は、珊瑚（さんご）海海戦に出撃した五月頃のこととして、「このころ、搭乗員には、連日の生死をかけた緊迫から、大なり小なり航空神経症の症状が現われていた。胸の痛みを訴えないものはまずいない。そのほか、マラリヤ、デング熱はほとんど全員に及んだ。ニューギニア航空戦以来のあいつぐ損害が、ようやく四空搭乗員の心身―特に精神面をむしばみはじめたというべきであろうか。とにかく、わが四空は疲れをみせてきたのである」と書いている（『海軍陸上攻撃隊』）。

状況がさらに悪化したのは、同年八月に始まったガダルカナル島攻防戦からである。米軍が同島に上陸した翌日の八月八日、ラバウルの第四航空隊及び三沢航空隊の一式陸攻二六機が、零式戦闘機の援護を受けつつ、雷装（魚雷を搭載すること）してアメリカ艦隊の攻撃に向かった。ところが、米軍にほとんど損害を与えられないまま、二六機のうち一八機が撃墜され、帰還した八機も、「何れも数十発の大小弾痕を残し、撃墜一歩前の悲惨な姿」だった。「このように戦果乏しく、被害甚大な戦闘は陸攻隊戦史五年間に最初のもの」だった（『中攻』）。

この大損害の原因は高角砲や機関銃など米軍の対空兵器が威力を発揮したからだったが、一式陸攻自体にも大きな欠陥があった。アメリカの主力艦隊を攻撃することを主任務として開発された攻撃機であったため、長大な航続距離を持つ反面、防御能力は軽視され、特に防弾装置や消火器の不備が致命的だった。そのため、その後も損害が相次ぎ、一式陸攻による昼間雷撃攻撃への参加は、搭乗員にとって、ほとんど死を意味した。その後、陸攻の損害があまりに多いため、昼間雷撃攻撃は中止され、陸攻隊は飛行場に対する爆撃や夜間攻撃に従事するようになる。

一九四三年七月、東京帝国大学教授で精神医学者の内村祐之は、海軍省医務局長から、激しい航空戦の続くラバウルでの調査を依頼された。搭乗員の精神状態に関する調査である。内村は、「約二週間のラバウル滞在中、私は、下士官以下の搭乗員の中に、ごく少数の神経衰弱症状を訴える者を見たにすぎなかった。派手なヒステリー症状はもちろんのこと、はっきりした心因反応と言えるものも、一例も見なかった」としながらも、次のように指摘している。

しかし専門家の眼をもって見れば、彼らの多くが潜在性神経症とでも名付くべき心的状態にあることを、直ちに見抜くことができた。〔中略〕神経症への高い準備状態と言い換えてもよいであろう。集団としてではなく、全くの個人として、彼らに立ち入った質問をしてみると、その多くが睡眠不良や、疲労感や、頭重、食欲不振などの愁訴を訴える。中には、飛行機に乗りたくないと言う者さえ、いる。そして、このような訴えは、比較的年齢の進んだ者、戦いの場数をよけい踏んだ者、爆撃機のような、敵の反撃に対して抵抗力の弱い機種に乗る者に多いことが、はっきりと認められた。

（『わが歩みし精神医学の道』）

だが、海軍中央部は本格的な神経症対策に乗り出そうとはしなかった。内村が同書のなかで強調しているように、海軍の首脳部が精神医学の重要性を認識していなかったこと、「指導者階級」だけでなく、医学者も神経症をタブー視し、「疲労」という言葉で置き換える傾向が強かったからである。

そうした状況を憂慮した内村は、「精神疲労の基礎的考察」（『日本医事新報』第一一二二号、一九四四年）を発表して、「疲労問題」について論じ、「そこで感ずることは、精神疲労なるものが一般に正しく理解されていないこと、なかんずく、一般的疲労状態中に精神要素が多量に包蔵されているという事実の認識に欠けていることである」と鋭く指摘している。

神経症を直視せず、「疲労問題」を重視するならば、問題解決の方向は「疲労回復」に向けられる。一九四二年七月、海軍大臣官房は、海軍軍医学校研究部に「除倦覚醒を目的とする特殊製剤」＝「除倦覚醒剤」の研究を命じた（前掲、『温故知新』）。

覚醒剤ヒロポンの多用

当時は、疲労回復や眠気の防止という効用を謳った覚醒剤のヒロポンが市販され、価格は明示されていないものの、その広告が新聞や雑誌にも掲載されていた（『戦う広告』）。錠剤が中心である。

ヒロポン（商品名）とは、有機化合物のメタンフェタミンを成分とする中枢神経興奮剤で、大日本製薬が一九四一年から販売していた。広く普及したため、ヒロポンが「覚醒剤の総称のようになって」しまったという（『大日本製薬六十年史』）。副作用や薬物依存の問題が十分認識されていなかったため、ヒロポンの製造が中止されるのは、敗戦後の一九五〇年のことだった。

海軍軍医学校研究部には、ヒロポンの効果や、より強力な新薬の研究が命じられたのだと考えられる。ただし、戦場では、かなり早くからヒロポンが使用されていたようである。

零戦のパイロットとして有名な坂井三郎は、ガダルカナル島の攻防戦の初期に被弾して負傷し帰国することになるが、それまではラバウル基地から出撃を繰り返していた。その坂井は次のように回想している。錠剤の服用ではなく注射が用いられているのは、静脈注射のほうが、薬物の効き目が早いからだろう。

いつの頃からか、激戦からラバウルに帰ってくると指揮所の横に長方形の台机が置かれ、そこには軍医官が待っていて、馬の注射器（当時そう思った）のような大きな筒に液を満たして静脈注射を打ってくれた。葡萄糖注射である。同じところによく打たれるのでいつの間にかそのあたりが黒ずんでしまったが、何となく元気が出る気がした。戦後、その当時の軍医官に久しぶりに会い、想い出話の中でその注射の話が出た。私はそこで思いもかけない事実を聞かされた。「坂井さん、あの注射は栄養剤として葡萄糖を打ったが、もう一種類入れていたんですよ。それはヒロポンでした。あなた方は葡萄糖で元気をつけ、ヒロポンで興奮して、また飛び立って行ったんですよ！」そう言われると、手首はだんだん細くなって、やせてきたようだが、いやに元気だけはあったなあと思う。

（『零戦の真実』）

海軍は「除倦覚醒剤(じょけん)」の実際の効果に関する実験も行っていた。海軍軍医少佐、竹村多一と海軍軍医大尉、横沢弥一郎は、さまざまな疲労状態にある四六人の海軍兵にヒロポンを投与し、その効果を観察している。

その実験の結論は、「主観的には30分ないし1時間にして疲労を忘れ心身の爽快を感じ、〔中略〕これを第一線将兵に用うれば、大いにその士気を鼓舞するものと」考えられること、「副作用としてはほとんど問題にする程度」ではないが、「特に食欲の減退を訴うる者」がある、というものだった。しかし、この実験の最大の問題点は、「これが長期連用による影響は今後の研究にまつ」として、覚醒剤中毒の問題をほとんど考慮していない点にあった(「除倦覚醒剤の作用について(第一報)」)。

実際、ヒロポンは搭乗員のなかでは広く使われていたようだ。海軍の衛生下士官であった神田恭一によれば、一九四三年末の横須賀海軍航空隊では、搭乗員用の除倦覚醒剤として新たにヒロポンが支給され、毎晩、「待機中の夜間搭乗員」にヒロポン注射がなされていた。夜間戦闘機などの搭乗員へのヒロポンの投与は、視力の増加や眼精疲労対策の意味もあるようだが、神田によれば、「このヒロポン注射は、いつの間にか取り止めとなっていた」。しかし、その理由は判然としない(『横須賀海軍航空隊始末記』)。

「いつまで生きとるつもりか」

ソロモン諸島やニューギニアでの戦局の悪化に伴い、海軍や昭和天皇は陸軍航空部隊の同方面への派遣を強く要望した。洋上作戦の経験がないため、陸軍内には強い反対論もあったが、結局、押し切られる形で、一九四二年一一月には第六飛行師団の派遣が決定された。

しかし、派遣後の一九四三年五月末の時点で、同師団の空中勤務者のうち、約五割はマラリアなどを罹患した病人、一割は訓練不十分の「技量未熟者」であり、稼働率は約四割にすぎなかった。また、「連日の出動と緊張の連続によって食欲を失い、心身の衰弱度を深めていった」者のなかからは、この頃から、「死ななければ〔日本には〕帰れない」という言葉がささやかれ始めた。士気の低下は明白だった（『戦史叢書　陸軍航空作戦基盤の建設運用』）。

元陸軍大尉で第六飛行師団・第一二飛行団・飛行第一一戦隊の戦闘機パイロットだった四至本広之烝（ししもとひろのじょう）によれば、「空から〔船団の〕護衛にあたっている私たちの場合、一人が一日平均八〜一〇時間の飛行が三日も続くと、やはり肉体の疲労よりも、神経的な疲労が重なってくる。護衛にあたっては、一番疲れがでてくるのは、視力の減退であり、両眼が充血し、癒すのにも時間がかかった」。

一九四三年二月のワウ飛行場に対する攻撃では、四至本たちの部隊は戦隊長と中隊長がともに戦死するという損害を受け、「隊員の士気はガタ落ちにな」り、「沈痛な空気が重く暗くのしかかり、眠れないし食えない」状態となった。このとき、岡本修一・第一二飛行団長は、四至本中尉に、「きさまは、いったい、いつまで生きとるつもりか」と罵声を浴びせた。

四至本は、「戦争が激化する。負け戦さが多くなり、戦死者が激増し始める。そうなると、本人の勲功の多少に関わらず、いつまでも生きている将や兵が白い目で見られたり、皮肉や嫌味をいわれたりという奇妙な傾向が現われ始める。恨まれたり、嫉まれたり、どうかすると戦死しなかったというだけの理由で卑怯者呼ばわりされたりもする。〔中略〕それにしても、きさまはいつまで生きる気かなどと、上官が部下をつかまえて嫌味がましく口にする風潮というものが、はたしてアメリカやイギリス、中国の軍隊内にもあったであろうか」と書いている（『隼　南溟の果てに』）。

戦局の悪化に対するいらだちからの罵倒だとは思うが、このような指揮官が、パイロットの精神的疲労の問題に関心を持つとはとうてい思えない。

陸軍が使った「戦力増強剤」

士気低下の状況を、陸軍中央は「航空疲労」の問題としてとらえていた。しかし、「軍全体の問題として用兵・軍政当事者が真剣に取り上げたことはな」く、「慢性航空疲労のため無気力に陥った者を、卑怯者や精神病者と同一視する風潮も一般には存在した」（前掲、『戦史叢書　陸軍航空作戦基盤の建設運用』）。とはいえ、日中戦争以降、「戦争神経症」の問題に直面してきたこともあって、海軍よりは陸軍のほうが、「航空疲労」のなかに含まれる精神的要素に注意を払っていたようだ。

一九四二年三月から七月にかけて陸軍は、「航空疲労」に関する六人の研究班を東南アジア各地に派遣しているし、それとは別に、「航空ノイローゼ」対策にも取り組んでいる。また、陸軍軍医学校の教官、大鈴弘文は「いわゆる航空神経症について」と題した論文を『軍医団雑誌』（第三六二号、一九四三年）に発表し、「航空神経症は長期連続空中勤務後に見られる空中勤務能力低下を伴う神経循環性緊張異常症候群」だとした（『大東亜戦争陸軍衛生史8』）。

ただし、覚醒剤への依存という点では、陸軍も同様だった。一九三九年に薬剤将校に任官した宗像小一郎は、「また今問題の覚せい剤も陸軍の所産であり、ヒロポンを航空兵、又は第一線兵士の戦力増強剤として、チョコレートなどに加えていたことも事実」だとしている（『続・陸軍薬剤将校追想録』）。ここでいう「戦力増強剤」とは一般名詞ではなく薬物名だろう。

一九四四年三月、野戦衛生長官（陸軍省医務局長の兼任）は、入院中の「空中勤務者」に関して、「給養には特別の考慮を払い、特別食、療養食（戦力増強剤を含む）等の活用に遺憾なからしむ」と指示しているからである（「空中勤務者患者の収療に関する指示」、一九四四年三月一日）。

元陸軍大尉で、飛行第六三戦隊の隊員として、ニューギニア航空戦を戦った上木利正は、一九四三年後半期頃の状況について、航空兵力の面で米軍に対して圧倒的に劣勢だっただけではなく、「空中勤務者（飛行機搭乗員）のほとんど全員がマラリヤなどのため健康状態はきわめて劣悪であり、その士気も沈滞していた。特に戦闘機操縦者の疲労は著しく、疲労回復の注射を打ちつつ出撃する者も多数あった」と回想している（『ニューギニア　空中戦の果てに』）。この注射は、おそらくヒロポンだろう。

ちなみに、陸海軍が保有していた大量のヒロポンは、戦後、民間に放出された。敗戦直後から一九五六年頃までの時期は、「第一期覚せい剤黄金時代」と呼ばれているが、その供給源となったのは陸海軍のヒロポンだった（『覚せい剤』）。

休暇なき日本軍

精神的にも肉体的にも消耗しきった兵士たちの存在を制度の問題としてとらえ直してみたとき、日本軍の場合、総力戦・長期戦に対応できるだけの休暇制度が整備されていなかったことが大きな問題だった。

欧米諸国では、第一次世界大戦の経験に学んで、前線で戦闘に従事した兵士たちを、後方に下げて休養をとらせる休暇制度が整備されていた（『情報戦の敗北―日本近代と戦争1』）。

たとえば、ニューギニア戦線で戦った米第五空軍の場合、三〇〇時間の戦闘飛行に従事した搭乗員には本国で休暇をとる権利が与えられ、オーストラリアでの短期休暇も活用されていた（前掲、『戦史叢書　陸軍航空作戦基盤の建設運用』）。

日本陸軍でも陸軍軍人休暇令により、請願休暇、定例休暇などの休暇が認められていたが、戦地の動員部隊に所属している兵員には本令による休暇すら認められなかった（『陸軍人事制度概説　後巻』）。

4　被服・装備の劣悪化

「これが皇軍かと思わせるような恰好」

兵士たちが身につける被服の良否は、軍靴を例にとればよくわかるように、兵士の身体に大きな影響を及ぼす。その被服が急速に劣悪化していった。被服とは、軍服、下着、軍靴だけでなく、背嚢（はいのう）、飯盒（はんごう）、水筒、携帯天幕など、武器以外の多くの装具の総称である。ここでは、陸軍を中心に軍服から見てみよう。

日本陸軍の軍服は、一九三八年五月の服制改正によって、立襟式から、より実戦的な折襟式に変わり、階級章も肩につける肩章から襟につける襟章になった。その後、大きな変更はなかったものの、素材は地の厚い毛織物である絨製から綿製に変わった。このため、洗濯をするたびに地質（生地の性質や品質）は、急速に悪化した。

第七師団（旭川）の経理将校である浅岡晃夫は、「最近、地方人（軍人以外の民間人のこと）が『昔の兵隊さんは綺麗だったが、近頃の兵隊さんはこれでも日本の兵隊さんかと思われるような、そういっては悪いが支那の兵隊と間違えるようだ』と、このようなことをいうのを聞くことがある」と率直に書いている（「最近における軍隊縫装工場の実況を明らかにしその改善方策を述ぶ」）。

また、浅岡は、外套（がいとう）に関しても、七年しか保たないような粗悪な製品を新調するよりは、「古品ではあるが、なお十年ないし十数年保ち、保温力においても遥かに優る明治、大正年間の旧式外套を着延していく方が遥かに良いと信ずる」とも述べている。日本の軍服が急速に粗悪化していることがよくわかる。

一九四四年二月に召集され、第七師団経理部衣糧科に配属された前川通泰も、前線に兵士を送り出す第七師団の留守部隊の状況について、「私が旭川の部隊へ来て最初に驚いたことは、兵隊の服装があまりにもみすぼらしいことでした。一応服は着ていますがとても軍服と言えるものではありません。銃はなくおまけにゴボウ剣（小銃に装着する銃剣のこと）も帯革も前線へまわされ、まるで乞食同然の姿です」と記している。

また、本州からの補給はほとんどなく、「北海道は現在手持ちの武器弾薬、被服、糧秣を徹底して使い延してゆかねばならなくなりました。そのため留守部隊の旭川師団の兵隊の服はどんなに傷んでも継ぎはぎして支給しました。そのため家族などにはとても見せられない姿にな」ったと回想する。

さらに、前川によれば、「当然のことながら縫製の仕事が多くなりミシン不足」になったため、旭川市内の各家庭からミシンの徴発をしたという。前川自身が「その頃ミシンは必需品でどこの家庭でも大切なものでした」と書いているように（『旭川師団経理部を想う』）、配給制の強化によって、衣料品不足に悩まされている一般の家庭にとって、ミシンの徴発は死活問題だった。

前線でも、事態は同様だった。一九四四年の大陸打通作戦に参加した第三師団では、被服の破損にもかかわらず、補充がまったくなかったため、作戦末期頃は多くの兵士は略奪した「支那服」を着用し、脛を保護するための巻脚絆（まききゃはん）（ゲートル）がわりに布を足に巻き、「目ばかり輝かせ、戦闘帽は無くし、蛸坊主のように布でねじり鉢巻をし、これが皇軍かと思わせるような恰好をしていた」（前掲、『第三師団衛生隊　回顧録』）。

2－1　鮫皮の軍靴（1944年製）　出典：中田忠夫制作『大日本帝国陸海軍〈軍装と装備〉』

鮫皮の軍靴の履き心地

軍靴の粗悪化も進んだ。特に、アジア・太平洋戦争期に入ってからは、物資不足が深刻となり、「明治初年の建軍以来、牛革で造られていた軍靴も、昭和十七年には、馬革や豚革まで使用されるようになった。昭和十九年になると、水産皮革も開発され、鮫革の軍靴まで登場するようになった」（『西洋靴事始め』）。フィリピン防衛戦に従軍した経験を持つ作家の大岡昇平は、鮫皮の軍靴について次のように書いている。

それはサイパンの玉砕頃から、前線行きの兵士に渡り出したゴム底鮫皮の軍靴であった。ゴム底は比島〔フィリピンのこと〕の草によく滑り、鮫皮はよく水を通した。我々は魚類の皮膚がいかに滑らかに見えようとも、決して水を弾くようにはできていず、彼らの体は周囲の水と不断の滲透（しんとう）状態にあるのだという事実を体得した。駐屯中の討伐や出張、米軍が上陸してからの四日の山中の逃避行で、「植物」たる靴底は「動物」たる上皮と永遠の別れを告げた。（『靴の話　大岡昇平戦争小説集』）

前線への軍靴の補給も途絶えたため、行軍の際に通常の軍靴を履いていない兵士も多かった。一九四四年の湘桂作戦に参加したある部隊の場合、脛を保護するための巻脚絆を靴の代用として足に巻きつける者、靴の底が抜けている者、靴のない者、裸足にボロ布を巻いている者、徴発（事実上の略奪）した「突かけ草履や支那靴」を履いている者もいた（前掲、『支那駐屯歩兵第二連隊誌』）。

また、補給がないため、軍靴は戦闘用に保管し、普段は裸足か草鞋履きの部隊も少なくなかった。一九四四年八月に陸軍経理学校を卒業し、フィリピンの第一〇五師団独立歩兵第一八一大隊に赴任した那須三男は、部隊長は裸足、将校以下全員が草鞋で訓練に励んでいるのを見て驚いたと回想している（『るそん回顧』）。

無鉄軍靴の登場

馬皮、豚皮、鮫皮などと並んでもう一つ重要なのは「無鉄軍靴」である。

軍靴には皮や縫い糸などのほかに、強度を増すために釘や鋲（びょう）などかなりの鉄が使用されている。そのため、資源不足が深刻になった「支那事変の後半」から、新たに製造される軍靴では、「大幅の鉄材節約」が「断行」されていた。軍靴の耐久性が減ずるのは当然のことだろう。

さらに、アジア・太平洋戦争が始まると、ゴムの大量使用によって、「鉄一〇〇％、原皮五五％、『タンニン』七六％」を「節約」した「無鉄軍靴」が製造されるようになった。タンニンは、製革に使用する皮のなめし剤である。

ただし、この軍靴には「老化性」に加えて、「耐油性」、「耐寒性」、「耐熱性」に乏しく、接着用のゴム糊を製造するため大量のガソリンを必要とするという欠陥があった（『現地自活（衣糧）の勝利』）。はたして、軍靴としての使用に耐えられるものだったのだろうか。

そもそも、原皮生産業、革製造工業、革製品製造工業などからなる皮革工業は海外依存度が高く、牛・馬・豚・羊の原皮国内生産量は総需要量を大きく下まわっていた（『日本産業史2』）。したがって、日中戦争の長期化、アジア・太平洋戦争の開戦による輸入統制の強化や輸入の途絶は皮革工業界に深刻な打撃を与えた。

一九四三年で見てみると、牛皮・馬皮・豚皮・羊皮の国内生産量は九九五九トン、占領地からの輸入は一万九五〇四トン、合計二万九四六三トンだが、これは日中戦争当時のおよそ五割減、アジア・太平洋戦争開戦時の四割減の数値だった（『日本皮革株式会社五十年史』）。しかし、軍靴の粗悪化は、後述するように、決して物不足だけが原因ではなかった。

孟宗竹による代用飯盒・代用水筒

アジア・太平洋戦争期、特に絶望的抗戦期の部隊史や戦記を見ていると、飯盒や水筒、背嚢などの基本的装備を携帯していない兵士が存在することに気づく。飯盒は野戦における最も基本的な炊具であり、日本陸軍は、部分的な改良は行われたものの、最後まで個々の兵士が携行する飯盒による炊飯方式に依存し続けた。

第四九師団に所属し、ビルマ戦線で従軍した朝鮮人学徒志願兵の李佳炯は、「日本の軍隊は兵士らが飯を炊いて食べる軍隊なのだ。飯盒は武器よりも大事なものである。それは釜であり、櫃（ひつ）であり、鍋であり、やかんであり、洗面器であり、バケツであり、つるべであり、桶であり、瓶（びん）である」とその重要性を端的に表現している（『怒りの河』）。

とりわけ、補給の断たれた退却戦などの場合、飯盒は兵士にとって文字通りの「命綱」だった。インパール作戦に従軍した田部幸雄は、「銃も装具も何もなくなった兵隊が最後まで離さなかった物は飯盒である。この飯盒があれば例え米はなくとも野生の草を煮て喰べることができる」としながら、食物の入った飯盒や空の飯盒の盗難事件が次第に増加していったことを回想している。田部は、それを、「空腹に耐えかねた人間の赤裸々の浅ましい姿を見せつけられた」ものだったとしている（『歩兵第五十一連隊史』）。

その飯盒はおろか、竹筒の水筒しか持たない兵士が徐々に増え始めていた。兵員の増加に生産が追いつかなかったのだろう。輜重兵第三九連隊第二中隊に所属していた伊藤恭蔵は、中国の漢口で一九四四年の初年兵を受領したときの印象を、次のように書いている。

前線へと行軍が始まった。第一印象として兵隊が弱々しかった。聞けば第二乙種合格が多いとのこと、輸送の責任が重大であることを痛感した。その装備もお粗末で、銃は鋳型に流し込んだままで、磨きがかかっていない。飯盒は二人に一重のものが一箇、一人は柳行李〔コリヤナギの枝を麻糸で編んで作った容器〕、水筒は竹筒であった。　　　　　　　　　　　　　　　　　　　　　　　　　　（『馬繋杭』）

歩兵第一三九連隊の補充員の場合も同様だった。一九四四年九月の補充員は、「水筒は孟宗竹の代用品」で「竹筒補充兵」と呼ばれ、「飯盒はなくて竹の皮、それに握り飯を包んで背負袋に入れ、外套と交互に十字にかけ」るという出立ちだった（『遥かなり大陸の戦野』）。

独立混成第九旅団独立歩兵第四〇大隊の細田春五郎も、一九四四年一二月、同年徴集の現役兵受領のため、中国大陸から帰国したときに、孟宗竹の産地で有名な川崎市溝の口付近で、切り出した孟宗竹で初年兵に「代用飯盒」、「代用湯飲み」を作らせている。この場合の「代用飯盒」は食事を入れる容器の意味だろう（『北中支戦線　戦史と回顧』）。いずれの事例も一九四四年のことである。この頃から代用品の支給が始まったのだろう。兵士たちは、飯盒という最後の「命綱」さえ失いつつあった。

背嚢から背負袋へ

最後に、背嚢を見てみよう。背嚢とは、兵士が背中に負う方形のいわばリュックサックであり、防水帆布と牛皮によって作られている。下着や食糧などを詰め込むとともに、外部に外套、飯盒、携帯天幕（テント）、円匙（陸軍では「エンピ」と呼んだ。シャベルのこと）などを装着して形を整える。

一九三〇年制定の「昭五式背嚢」では装備品は革ベルトで装着していたが、一九四〇年制定の「九九式背嚢」では、革の節約のため、革の使用をやめて紐で固定する方式に変わる。さらに、背嚢に代わって背負袋の採用が進む一方で、一九四四年からは背嚢の生産が停止された（『帝国陸軍　戦場の衣食住』）。つまり、ある段階では、背嚢の兵士と背負袋の兵士が「併存」していたようである。

一九四三年一二月、「東部十五部隊」から下士官候補者として、陸軍工兵学校下士官候補者隊に入った久保田正弘は、「入校して一番困ったことは背嚢作りでした。原隊は背負袋なのでその作り方は皆目わからず、〔中略〕やっと形が出来ても演習に出るとすぐ形が崩れてしまいます。本当に卒業するまで泣かされたものです」と回想している（『続　陸軍工兵学校』）。背負袋に慣れていた兵士にとっては、下着などを詰め込み、外套や飯盒などを装着して背嚢の形を整える作業がいかに難しかったかがわかる。

一方、一九三三年に現役兵として入営し、四一年末に召集され、船舶砲兵第二連隊に編入された神波賀人は、兵営出発時の自分たちの姿を、真新しい軍服や鉄帽（ヘルメット）などで身を固めてはいるものの、「その上に背嚢、と言っても以前使用していたような四角い皮革製の背嚢ではなく、細長い背負袋に襦袢〔下着〕、靴下、私物などを詰め込んでななめに背負い、まるで田舎のおっさんのような不恰好な姿をした兵隊」と自嘲的に表現している（『護衛なき輸送船団』）。「昭五式背嚢」を知る召集兵たちにとっては、背負袋は無様なものに見えたのだろう。

以上のように、兵士たちの身体をめぐるさまざまな問題からみても、戦争が長期化するなか敗戦は急速に現実のものとなりつつあった。

第3章

無残な死、その歴史的背景

1　異質な軍事思想

短期決戦、作戦至上主義

第1、2章では、身体の問題とも関連づけながら兵士たちの無残な死のありようについて見てきた。強調しておきたいのは、前線の兵士たちに大きな負荷をかけるような構造的要因が帝国陸海軍には内在していたことである。その構造がどのようにして歴史的に形成されてきたのか。第3章では、この問題に目を向けてみよう。

よく知られているように、日本の陸海軍の軍事思想には独特の特徴がみられた。第一には、欧米列強との長期にわたる消耗戦を戦い抜くだけの経済力、国力を持たないという強い自覚から、長期戦を回避し「短期決戦」、「速戦即決」を重視する作戦思想が主流を占めてきたことである。

一九〇七年に制定された「帝国国防方針」は、そうした軍事思想を集大成したものだった。「帝国国防方針」とは、大日本帝国における最高レベルの国防方針である。一九一八年の「帝国国防方針」の第一次改定では長期戦、総力戦として戦われた第一次世界大戦の影響の下で、長期の総力戦を戦い抜くという思想が新たに取り入れられた。ところが、一九二三年の第二次改定では、再び短期決戦思想に回帰し、三六年の最後の改定でも、「複数国との長期持久戦が必至の時代であったにもかかわらず、単一国に対する短期決戦といった現実から遊離した」基本方針が採用されている（『帝国国防方針の研究』）。

第二には作戦、戦闘をすべてに優先させる作戦至上主義である。そのことは、補給、情報、衛生、防禦、海上護衛などが軽視されたことと表裏の関係にある。

相次ぐ船舶の喪失にもかかわらず、船団護衛などを任務とする海上護衛総司令部が発足したのは、一九四三年一一月だった。陸軍も、必要な生活物資、特に食糧を後方から補給せずに、「現地徴発」を基本方針とした。「徴発」といっても対価を支払わないことが多い。実際には民衆からの略奪である。第三七師団歩兵第二二五連隊の軍医として、一九四四年の大陸打通作戦に参加した江頭義信は、長沙に向かう行軍の状況を次のように書いている。

この街道は六月に三個師団が通過しており、今また師団の先遣隊が通過したばかりなので、沿線の部落は荒らされ食い尽くされて、食糧がなかった。〔中略〕宿営地にやっと着いても、それから兵は疲れた足を引きずって三、四キロも奥地の部落へ食糧を探しに出かけねばならず、獲物も少なかった。〔中略〕来る日も来る日もわずかばかりの食べ物を漁り歩く姿は、落ちぶれた野盗か喪家の犬と変わりがない。これが北支で無敵精鋭を誇った将兵かと、情けなさに涙が出た。

（『日本一歩いた「冬」兵団』）

もちろん、最大の犠牲者は中国の農民だが、補給を無視し略奪なしには生きていけないような作戦を強行し続けた軍幹部の責任は大きい。

極端な精神主義

第三には、日露戦争後に確立した極端な精神主義である。それは、砲兵などの火力や航空戦力の充実、軍の機械化や軍事技術の革新などに大きな関心を払わず、日本軍の精神的優越性をことさらに強調する風潮を生んだ。

元陸軍中佐で戦後は著名な戦史研究者となった加登川幸太郎は、アジア・太平洋戦争は、「日本陸軍にとっては、その根本信条ともいえる『教義』の総決算の秋であった」として、その「教義」について、「『戦闘の決は銃剣突撃をもって決する』とする白兵主義の信条であった。そしてそれを可能とするものは、攻撃精神・突撃精神である、とする。これが、その後〔日露戦争後〕陸軍当局によって煽りに煽られて、陸軍の信仰的教義となったものである」と説明している（『日本陸軍の実力』第二集）。

白兵とは銃剣、刀剣など格闘戦用の武器を意味し、銃剣を装着した小銃による突撃を重視するのが白兵主義である。同時に、こうした白兵主義の重視は、近接戦闘用の短機関銃（サブマシンガン）の開発を怠る結果をもたらした。短機関銃とは軽機関銃よりさらに軽量な近接戦闘用の機関銃であり、欧米の軍隊では、第二次世界大戦における歩兵の標準的装備だった。しかし、日本では短機関銃はほとんど実用化されなかった。

陸軍の将校で戦後は自衛隊に入った近藤新治は、アジア・太平洋戦争期の「ジャングル内の近接戦闘で、日本軍が連発の自動銃〔短機関銃〕を持っていたら、どんなに有利であったろうとは、歩兵の歴戦者の等しく語るところである」としながら、陸軍の兵器開発計画のなかで短機関銃は、常に低い順位しか与えられていなかったと指摘している

（前掲、「ガダルカナル作戦の考察（1）」）。

米英軍の過小評価

軍事思想の教条化は、連合軍の戦力を過小評価し、連合軍に関する研究を怠ることにもつながった。

アジア・太平洋戦争の開戦前の段階で、陸軍は対ソ戦を想定して作られている歩兵操典、歩兵射撃教範、作戦要務令などの典範令（てんぱんれい）（正式には、典令範）を対米英戦向きに抜本的に改正する意思を持っていなかった。典範令とは、戦闘や教育、訓練などの基本を定めた各種の教本のことを指す。

典範令改正の代わりに、対米英戦のためにいくつかの参考書を作成した。その一つに開戦直前の一九四一年一〇月に作成し、四〇万人の将兵に配布したといわれる、大本営陸軍部『これだけ読めば戦は勝てる』がある。

Q&A形式のこの小冊子は、その第三項で「戦争はどういう経過をたどるか」という問いを立て、その答えを、「遠洋航海から上陸戦闘へ」、「陣地や要塞を攻略す」、「資源を確保し要地を護る」、「長期の駐留、治安の粛正に任ず」の四つに分けて説明している。

初期作戦はたしかに成功したが、その後の実際の戦争の展開が、これとまったく異なっていたのは、あらためて指摘するまでもない。中国における「治安戦程度」の戦争しか想定していないところに大きな問題がある（『南方作戦に応ずる陸軍の教育訓練』）。

さらにこの小冊子は、第二項のなかに、「敵は支那軍より強いか」という問いを立て、それに対しては、「今度の敵を支那軍に比べると、将校は西洋人で下士官、兵は大部分、土人であるから軍隊の上下の精神的団結は全く零だ、ただ飛行機や戦車や自動車や大砲の数は支那軍より遥かに多いから注意しなければならぬが、旧式のものが多いのみならず、せっかくの武器を使うものが弱兵だから役には立たぬ」と回答している。「土人」は、英軍にインド兵が編入されていることなどを指している。

開戦後も陸軍の教育、訓練の実態はまったく変わらなかった。一九四二年二月、中国戦線で従軍中に中隊長要員の教育を受けるため、陸軍歩兵学校への入校を命じられた前出の佐々木春隆は、教育の内容は対ソ作戦に関するものばかりだったとして、次のように回想している。当時、中国戦線の日本軍は中国軍の迫撃砲攻撃に悩まされていた。

学生の大部分が中国各地から集まっていたのに、対支〔対中〕作戦や警備の教育はほんの付け足しで、痛い目に遭っていた迫撃砲対策などを教わることを期待していた中国組の期待とは、ほど遠かった。南方作戦の教訓などを質問しても、収集中ということで、歩兵のメッカは対ソ戦のメッカに偏していると思われた。

（『華中作戦』）

陸軍は伝統的にロシア・ソ連を仮想敵国としていたが、日中戦争が長期化し、アジア・太平洋戦争が始まったこの段階でも、対中国戦争や対米英戦の研究・教育が大幅に立ち遅れていたのである。

一九四三年中頃からの対米戦重視

しかし、連合軍の反攻作戦が始まると、こうした状況にも変化が生まれ始める。そのきっかけとなったのは、米軍と戦火を交えた第一線の将兵たちの体験だったと考えられる。

戦艦「比叡」に乗艦して、一九四二年一一月の第三次ソロモン海戦に参加した元海軍中佐の関野英夫（戦後は軍事評論家）は、このときの体験を次のように語っている。

アメリカの駆逐艦がね、目の前まで突っ込んでくる。ブルワーク〔艦首部に設けられ、打ち上げられた波が甲板を洗うのを防ぐ役割を果たす〕から身を乗り出して下を見ないと〔大型艦の戦艦からは〕見えないくらいまで肉迫してくる。アメリカの駆逐艦を上から見たようなかたちだ。あまりに近くて両方とも砲撃できないし、魚雷も撃てない。そこで互いに機銃を撃ちながらすれ違う。〔中略〕それにしてもアメリカ人はすごいなと思った。本当の突撃精神を見た。日本の駆逐艦はあんなには突っ込まないよ。

（『聞き書き　日本海軍史』）

この海戦で「比叡」は沈没、アジア・太平洋戦争で沈没した日本海軍最初の戦艦となった。また、一九四二年八月三〇日には、零式戦闘機隊の指揮官、新郷英城大尉がガダルカナル島上空で、アメリカ海兵隊のＦ４Ｆ戦闘機に撃墜されている。駆逐艦に救助されて帰還した新郷大尉を山本五十六連合艦隊司令長官が引見し、日米間の空中戦についての所見を聞いたところ、「『海兵隊航空隊の闘志は素晴らしく、我々を上まわっている』というのが、豪勇をもって知られた新郷隊長の感想」だったという（『太平洋戦争航空史話（上）』）。

こうしたなかで、一九四三年後半頃から陸軍中央部の認識もようやく転換し始める。参謀本部第二部第六課に勤務していた大屋角造は、「軍中央部が従来の対ソ重視態勢、教育訓練、情報収集の重点、戦法研究などを対米軍重点に切り換えたのは、敵の反攻ようやく激化してきた昭和十八年後半にいたってから」と記している（『歴史と人物　実録日本陸海軍の戦い』）。参謀本部第二部とは情報担当の部局である。

事実、一九四三年九月末、陸軍の教育に関する最高責任者、教育総監の山田乙三陸軍大将は、管下学校長会同の席上で、今後、「国軍の教育訓練の重点は、対米軍戦闘におく」ことを明示した（「陸軍歩兵学校物語②」）。当時、歩兵学校に勤務していた町田一男は、「これほど南で戦をやっていて何で今まで対米戦闘をやってなかったのかということが、まず疑問になったわけでございます」と述べている（「陸軍歩兵学校座談会②」）。

たしかに遅すぎた転換ではあったが、教育総監部は、続いて同年一二月に『米英軍常識』を編纂・発行している。同書は、米英軍の編制、装備、兵器、戦法等を概説したものだが、それなりに冷静な目で両軍を観察していることがわかる。

たとえば、「米軍の特性」についての叙述を見てみると、「国家観念」の項では、「優越的国家観念、個人主義に基づく愛国心旺盛にして、団結相当強固なり」とあり、「攻撃精神」の項では、「闘争心旺盛にして冒険を好み、進取放胆」、「任務を無頓着に実行し、危険に対しても全くこれを眼中に置かず、不撓不屈の精神を有す」と記している。米軍や英軍の戦意の高さを冷静に評価している点が注目に値する。

陸軍の作戦計画、作戦指導を担う参謀本部（大本営陸軍部）の対米戦研究も、米軍の対日戦研究に比べると大きく立ち遅れていた。一九四三年一二月五日付の大本営陸軍部「戦訓速報　第一一号」は、この点に関し、「開戦以来、敵は我が戦法を深刻に研究しきわめて活発にこれが対策を講じあるに対し、我が方の努力は必ずしも十分ならざるものあり」と総括している（『「戦訓報」集成4』）。

それでも、その後、米軍の戦法に関する調査・研究は少しずつ進められ、ようやく一九四四年八月のマリアナ諸島失陥後に、米軍の大規模な強襲上陸作戦の実態を数字に基づきながら詳細に分析した、大本営陸軍部『敵軍戦法早わかり（米軍の上陸作戦）』（一九四四年九月二四日付）を編纂・発行している。

同書は米軍の戦法を、「物的優越を基調とし、大兵力をもって勝ちやすきに勝たんとする」ことを根本とし、「合理的かつ計画的」で、常に陸海空の圧倒的な兵力を集結使用する戦法に依存している、この傾向はマリアナ作戦以降、いっそう明確となり、上陸作戦でも従来の戦術的奇襲より戦術的強襲を採用し、「厖大なる物量」、なかでも圧倒的な砲爆撃によって、「我が防備を震倒せしめんと企図」するようになったと特徴づけている。的確な分析である。

同書編纂の中心となったのは参謀本部第二部に勤務していた堀栄三少佐である。堀自身は、同書に関して、「それにしても『敵軍戦法早わかり』は、もう半年も一年も以前にでき上がっていなければならなかった。〔中略〕これを読めば、米軍の艦砲射撃の威力、破壊効力、軍艦の所有弾量、上陸直前の砲爆撃の日数、程度、目標、米軍上陸部隊の上陸行程などが一目瞭前と図示されてあって、少なくとも米軍に対してもっと強靱な戦闘ができたはずであった」と回想している（『大本営参謀の情報戦記』）。

戦車の脅威

一九四四年に入ると制空権、制海権は完全に米軍が掌握するようになる。そうしたなかで、陸上戦闘における日本軍兵士の最大の脅威は、七五ミリ砲を搭載した米軍のM4中戦車だった。

M4中戦車は第二次世界大戦における米軍の代表的戦車で、太平洋戦線では、一九四三年一一月の米軍によるタラワ島攻略作戦から前線に投入されていた。タラワ島は中部太平洋、ギルバート諸島にある環礁である。日本軍が性能の大きく劣る戦車や貧弱な対戦車兵器しか持っていなかったため、その後の戦闘で日本軍に対して猛威を振るった。

さらに、一九四四年に入ると米軍はナパームを噴射する火焔放射戦車を前線に投入し、強固な陣地や洞窟に立てこもる日本軍兵士を火焔で焼き殺す戦術を採るようになる。

この戦車の脅威について、一九四四年六月一〇日付の大本営陸軍部「戦訓特報第二四号　沖集団『タロキナ』作戦の教訓」は、「南東方面」（東部ニューギニア、ビスマルク諸島、ソロモン諸島方面）の作戦について、「過去幾多の南東方面の戦闘において敵を撃滅」することができなかった「最大原因」の一つは「敵戦車の跳梁」であり、日本軍の「不備なる対戦車装備をもって優勢なる敵戦車」を撃滅することは「難中の難事なり」と指摘している（『「戦訓報」集成1』）。

また、「教育総監部一課員」の名前で執筆された一九四四年の論説、「現下の対戦車戦闘について」も、「戦闘の実相」は、ガダルカナル島への米軍の反攻作戦以来、「対戦車問題」が「俄然台頭してきた」が、「戦車は敵戦力の核心で」、これに対する対策が不十分な場合には、「敵の戦車戦力は相対的に向上し異常なる力を発揮して、ついには戦闘の命取りになる」と警告を発している。

この論説によれば、最大の問題は、最近は新型の四七ミリ速射砲が登場してはいるものの（原文では「〇〇粍速射砲」と伏字になっている）、旧式の三七ミリ速射砲（同上）が依然として日本軍「唯一の対戦車火器」だった。明記はされていないものの、四七ミリ速射砲は、M4中戦車の装甲の薄い部分を撃ち抜くことはできたが、三七ミリ速射砲の砲弾は、すべてはね返されてしまう。そのうえで、「一課員」は、現在のように日米間の戦力格差が拡大してしまった状況を考慮するならば、「火力を主体とする」対戦車戦闘はもはや不可能であるとして、今後は「肉攻主体」の対戦車戦闘を提唱する。「肉迫攻撃」の略である「肉攻」とは、爆薬を抱いた兵士による体当たり攻撃である。

体当たり戦法の採用

「現下の対戦車戦闘について」が掲載された『偕行社記事　特号』の発行は一九四四年一〇月だが、実はそれに先立って、教育総監部は『対戦車戦闘の参考』を一九四四年七月に作成している。その「総則」の「第一　対戦車戦闘の本旨」には、「現戦局下における対戦車戦闘はその主体を肉迫攻撃〔中略〕とし、透徹せる訓練により、皇軍独自の必殺体当たり戦法を敢行する」ことを「本旨」とするとすでに明記されている。

「肉攻」に使用する兵器の第一番目にあげられているのは、五キロから一〇キロの爆薬を収納した箱に簡単な点火装置をつけた「急造爆雷」である。これを米軍戦車の底面に投げ込んで爆破させるという「兵器」だが、移動中の戦車に対する攻撃を想定している以上、点火と同時に爆発させる必要があり、生還は事実上不可能な攻撃法だった。

前述の「現下の対戦車戦闘について」によれば、体当たり戦法の採用にあたっては、その実行可能性に対する疑念や「最初から部下を死地に投ずることの可否について賛否両論」があり、特に第一線の指揮官の多くから、「何も兵を殺さんでいいじゃあないか、兵を殺さずに敵戦車をやっつけるようにするのが訓練じゃないか」、「体当たりをやれというがそんな戦法のどこに、「上官、部下の情誼」があるのか、といった批判が相当あったという。

これらの批判に対して、「一課員」は、「戦局は日一日と苛烈の度を増し、〔中略〕一億玉砕の覚悟をもって敵に当たらなければ戦局を打開することはできない。言い換えれば、国家自体が体当たりを必要とする時代にまで進んできている」と反論している。おそらく、この「一課員」の論説は、さまざまな批判を抑えて、「肉攻」を対戦車戦闘の中心にすえることを意図したものだろう。
この「肉攻」路線を推進した責任者の一人は、一九四四年二月、東条英機陸軍大臣の参謀総長兼任に伴い、参謀次長に就任した後宮淳陸軍大将のようだ。当時、参謀本部ロシア課長や同編制動員課長などを務め、参謀本部の中枢にいた陸軍大佐の林三郎は、次のように回想している。

後宮参謀次長は、日本陸軍の作戦指導問題より、島嶼において戦術的勝利を収めるため、米軍戦車を如何にして破壊するかの問題に、より多くの関心を寄せた。そして、そのために精巧な兵器を今から作る国力も時間もないから、爆薬を抱いて戦車に突進する戦法を採るべきだと強調した。その結果、この肉弾戦法を多分にとり入れた対戦車戦闘法が、でき上がったのである。
(『太平洋戦争陸戦概史』)

正規の対戦車戦闘を遂行する国力はすでに日本にはない、それでも、あくまで戦争を継続するとすれば兵士の生命を犠牲にするしかない、そういう関係性が後宮の「論理」

のなかによく示されている。

見直される検閲方針

注目したいのは、一九四四年に入った頃から、右に見た『偕行社記事』のように、戦局の深刻な実相を部分的な形ではあれ、認めるような論説が軍関係雑誌に掲載されるようになってきたことである。時期をさかのぼり、初期作戦段階と比較してみよう。

日本軍によるフィリピン攻略戦では、五七ミリ砲を搭載した日本陸軍の八九式中戦車や九七式中戦車は、米軍のＭ３軽戦車を撃破できなかった。歩兵の支援を目的とした砲身の短い五七ミリ砲では軽戦車の装甲さえ撃ち抜くことができなかったのである。このとき、戦車第七連隊長としてフィリピン戦に従軍していた園田晟之助大佐は、千葉戦車学校長の岩仲義治少将に、長砲身で貫通力の大きい四七ミリ戦車砲の開発を求める書簡を送った。

書簡のなかで、園田大佐は、短砲身の五七ミリ砲搭載の中戦車は「すでに時代遅れ」であり、「戦車砲の威力」を増大させることは、日本軍の戦車にとって「緊急の急務」になっており、このままでは「敵戦車に必勝の信念にて突進することは困難」であると訴えていた。

ところが、この書簡が掲載された『機甲』（一九四二年五月号）は、東条英機首相兼陸相の目に触れてその不評を買い、七月号は休刊処分となる（『日本陸軍の第一次世界大戦史研究成果の近代戦への反映』）。実際に現物を確認してみると、『機甲』一九四二年八月号の冒頭に、「七月号は都合に依り休刊す」と記されている。

しかし、三七ミリ速射砲では米軍戦車を撃破できないとした先述の「現下の対戦車戦闘について」は、特に問題視されることはなかったようである。

もう一つの実例は、一九四四年一月二四日に開催された「南方経理勤務座談会（一）」である。経理部将校によるこの座談会では冒頭で主催者が、「相当秘密にわたりますことも忌憚なく述べていただき、「なるべくありのままをお話願いたい」と挨拶している。これを受けて住谷大佐は、「敵の航空威力を軽視し」、自軍の「航空戦力が足らなかった」ため「制空権というものがほとんどなかった」、「精神力」を「過信」しすぎたなどとして従来の作戦を批判し、ガダルカナル島攻防戦でも、「敵アメリカ側の方が、兵器のある点において勝っておったんじゃないか」と踏み込んだ発言をしている。

また、平山少佐も、ガダルカナル島における体験談として、「過労と栄養不良により抵抗力が弱り、マラリヤにおかされ、どんどん死んで行くという悲惨な状態が現われてきました。〔中略〕こんな悲惨な戦争、しかも補給のために苦しんだという戦争」は「前例のないことだろうと自分は痛感致したのであります」と語っている。平山少佐は他方で「敵米国兵は恐るるにたらぬ」とも発言しているが、戦局の深刻さが部分的であれ、明らかにされるようになったことは間違いない。ただし、発言者のフルネームは伏せられている。

このことは検閲政策の変化と連動していると思われる。一九四四年二月一七日から翌日にかけて、日本海軍最大の前進根拠地であるトラック島はアメリカの機動部隊による大空襲を受け、多数の艦船、航空機、施設が大きな損害を被った。これによりトラック島は基地機能を喪失した。にもかかわらず、新聞発表ではアメリカの機動部隊を撃退したかのような虚偽の報道がなされた。

これをきっかけに、海軍省は検閲当局に対して、国民の奮起を促すため悲観的にならない範囲内で、悪化する戦局について報道するよう指示し、陸軍当局も同様の申し入れを陸軍記者会に行っている。限定的ではあるが、「戦局の劣勢を掲載可能」とした新たな検閲政策の採用だった（『新聞検閲制度運用論』）。

このように、一般の国民の眼に触れることはなかったとはいえ、下級将校が入手することができる軍関係雑誌からも、戦局の危機的状況は読みとることができるようになっていた。それにもかかわらず、戦争の終結という選択肢を持ちえない陸海軍首脳部は、徹底抗戦の道を突き進み、「肉攻」や「特攻」にのめり込んでいく。

2　日本軍の根本的欠陥

統帥権の独立と両総長の権限

国力を超えた戦線の拡大や、戦争終結という国家意思の決定が遅れた背景には、明治憲法体制そのものの根本的欠陥がある。

一つには言うまでもなく、「統帥権の独立」である。統帥権とは陸海軍を指揮し統御する権限のことをいう。戦前の日本社会では、明治憲法の第一一条が「天皇は陸海軍を統帥す」と規定していたことを根拠にして、統帥権は大元帥としての天皇に属する独自の大権であり、内閣や議会の関与を許さないという解釈が一般的だった。そして、統帥権の行使を補佐するのが、陸軍では参謀本部のトップである参謀総長、海軍では軍令部のトップである軍令部総長だった。

ただし、内閣を構成する国務各大臣による天皇の補佐が、「輔弼（ほひつ）」と呼ばれたのに対して、両総長による補佐は、「輔翼（ほよく）」と呼ばれ両者は区別されていた。明治憲法は、その第五五条第一項で、「国務各大臣は天皇を輔弼しその責に任ず」と規定していたが、立法権・行政権・外交権などの天皇大権のなかで、統帥権だけが国務大臣による輔弼の範囲外にあると、明文をもって規定していたわけではない。両総長による補佐は、憲法に直接の根拠があるわけではなかったため、「輔翼」という別の言葉が使われたのだろう。このように、憲法上曖昧な点もあったが、軍部は「統帥権の独立」を楯にとって、政府によるコントロールを排除していった。

この問題で見落とされがちなのは、参謀総長の各軍司令官などに対する権限、軍令部総長の連合艦隊司令長官などに対する権限が、理念上は小さかったことである。各軍の司令官や連合艦隊司令長官は天皇に直属し、天皇が発する最高統帥命令にしたがって作戦を実施する。この最高統帥命令が陸軍では「大陸命」、海軍では「大海令」である。参謀総長や軍令部総長は、この命令を各軍司令官や連合艦隊司令長官に伝達し、その命令の範囲内で指示を与える権限を持っているにすぎない。参謀総長や軍令部総長は大元帥としての天皇を補佐する最高幕僚長であり、天皇からあらかじめ委任を受けない限り、基本的には自ら命令を発することはできないからである。

ミッドウェー島の攻略を命じた大海令第一八号をみてみよう（3-1）。ここで攻略を命令しているのは天皇自身であり、軍令部総長は、その命令をうけて（「奉勅」）、連合艦隊司令長官に伝達しているにすぎない。また、天皇が「細項」に関する指示権を軍令部総長に与えていることもわかる。

したがって、参謀総長や軍令部総長が、現地軍や連合艦隊を十分統制できないという事態が生じてくることになる。事実、真珠湾攻撃やミッドウェー作戦に対しては、軍令部のなかに慎重論があったにもかかわらず、山本五十六連合艦隊司令長官の強い意向に押し切られる形で、作戦が実施されている（「なぜ、戦線は拡大したのか」）。もっとも、参謀総長と軍令部総長は、作戦計画に関しては、作戦軍司令官や連合艦隊司令長官に対して区処権を持つとされているが（『日本軍事法制要綱』）、その実態は判然としない。区処権とは指揮隷属上の命令権はないが、特定事項に関して指示する権限を持つことを言う。あるいは、この区処権は右にみた「細項」に関する指示権のことかもしれない。

大海令第十八號

昭和十七年五月五日

奉勅　軍令部總長　永野修身

山本聯合艦隊司令長官ニ命令

一、聯合艦隊司令長官ハ陸軍ト協力シ「ミッドウエイ」島及「アリユーシヤン」群島西部要地ヲ攻略スベシ

二、細項ニ關シテハ軍令部總長ヲシテ之ヲ指示セシム

3-1　大海令　出典：史料調査会編『復刻版 大海令』（毎日新聞社、1978年）

昭和天皇自身も、両総長の権限を正確に理解していたようだ。日中戦争中に天皇の侍従武官を務めていた元陸軍中将の清水規矩は、次のように述べている。

陛下のお考えとしては、〝国務については、輔弼の〔国務〕大臣があるので、これを重んずるが、しかし、その結果については、みずから責任を取る〟とのお覚悟がおありであったように拝された。一方、純統帥については、おんみずからが最高の責任〔責任者か〕であるとのお考えであらせられたものと拝察申しあげるのである。

（『天皇親率の実相』）

「君主無答責」の原則があるので、国務に関しては国務各大臣が法的・政治的責任を負い、天皇は責任を負わないと一般には理解されていた。その点、清水の文章にはわかりづらいところがある。しかし、清水の主張のポイントは明白である。

つまり、国務大臣は憲法上の輔弼責任者なので、その意見を重んじる必要があるが、参謀総長と軍令部総長は国務大臣に相当するポストではなく、「純統帥」に関しては自分が絶対者であり、最高責任者だというのが天皇自身の認識だった。

多元的・分権的な政治システム

「統帥権の独立」とならぶ明治憲法体制のもう一つの欠陥は、国家諸機関の分立制である。

明治憲法は、国務各大臣が所管の事項に関して単独で天皇を輔弼する制度＝国務各大臣による単独輔弼制を採用していた。国務各大臣は内務省・大蔵省・外務省などの各省庁のトップでもあったから、それだけ各省の自立性が高かった。そのことは内閣総理大臣の権限が弱いことと表裏の関係にあった。

内閣総理大臣は、内閣の首班として閣議を主催するが、その地位は国務大臣中の第一人者にすぎず、国務各大臣に対して命令する権限を持たなかった。また、国務大臣の任免権は天皇大権に属すため、国務大臣を罷免したり新たに任命する権限も内閣総理大臣は持たなかった。

くわえて、陸海軍も一枚岩ではなかった。対政府、対議会の関係では「共闘」することが多かったが、制度上は、軍事行政を担う陸軍省、海軍省が対等の関係で分立し、作戦や用兵（戦闘のため実際に軍隊を動かすこと）を担う参謀本部と軍令部が、それぞれ陸軍省、海軍省から独立して存在していた。

さらに、内閣以外の領域でも、内閣に対しては、国務に関する天皇の最高諮問機関である枢密院が、衆議院に対しては皇族や華族などが中心となって構成される貴族院が、相互に対抗し、牽制（けんせい）する関係にあった。また、昭和天皇が即位すると、宮中の官職である内大臣や侍従長が天皇の側近グループとして、政治的影響力を増大させるようになる。

なぜ、このような複雑な制度設計になったのか。それは、明治憲法の起草者たちが政治権力の一元化を回避し、あえて政治権力の多元化を選択したからである。彼らは、伸長しつつあった政党勢力が議会と内閣を制覇し、天皇大権が空洞化して天皇の地位が空位化することを恐れていたのである。

国務と統帥の統合の試み

日中戦争以降、本格的な総力戦の時代が始まる。総力戦では国務と統帥を統合し、統一した国家戦略に基づく強力な戦争指導が求められる。明治憲法体制下の分立した国家システムでは時代の要請に応えられないことは明らかだった。

一九三七年一一月、日中戦争勃発四ヵ月後に、陸海軍の最高統帥機関として大本営が設置された。新たに付属機関が設置されるものの、実質的には参謀本部が大本営陸軍部に、軍令部が大本営海軍部になる。大本営の設置に伴い、国務と統帥の統合を目的にして、大本営首脳部と政府首脳部とを構成員として設置されたのが大本営政府連絡会議であり、特に重要な国策が決定される場合には天皇が臨席して、御前会議となった。

アジア・太平洋戦争の開戦は、一九四一年七月二日、九月六日、一一月五日、一二月一日の四回の御前会議で最終決定されている。しかし、連絡会議、御前会議に法的な根拠があったわけではない。多元的で分権的なシステムもそのまま温存されたので、結局は国務と統帥の連絡・調整機関にとどまった。

この間、首相権限の強化にも力が注がれた。一つには、首相の管理下に置かれる内閣直属機関の設置によって、首相権限を実質的に強化する政策である。国家総動員の中央統轄機関として一九三七年一〇月に設置された企画院、戦時プロパガンダの中央統制機関として四〇年一二月に設置された情報局などである。

また、アジア・太平洋戦争開戦後の一九四三年三月、東条英機内閣は戦時行政職権特例を制定し、これによって、五大重点国防産業の生産増強に関して、首相に各省大臣への指示権（事実上の命令権）が与えられた。しかし、東条内閣の場合でも、明治憲法の改正にまでは踏み切れなかったため、首相権限の強化にも自ずから限界があった（「戦局の展開と東条内閣」）。

こうして、日本は、統一した国家戦略を決定できる政治システムを持たないまま戦争を戦った。初期作戦終了後、陸海軍はミッドウェー攻略戦を実施する一方で、ソロモン諸島やニューギニアにまで戦線を拡大したが、この戦線の拡大に歯止めはかけられなかった。また、陸軍は南方作戦終了後、翌一九四三年の春には対ソ戦を開始することを狙っていた。限られた国力の下で、結局、日本は対米英豪戦争、対中国戦争、そして対ソ戦という三正面作戦を戦おうとしたのである。

さらに、敗戦必至となった絶望的抗戦期に入っても、戦争終結を決断できず、いたずらに時が流れていった。そのため、すでに見てきたように、多くの兵士と民間人が無残な死を遂げる。こうした事態を生み出したのは、明治憲法体制そのものの根本的欠陥だった。

軍内改革の挫折

労働運動や小作争議を体験し、大正デモクラシーの洗礼を受けた兵士たちの意識も変わりつつあった。上官の言動に常に批判的な眼差しを向ける兵士たちが立ち現れてきたのである。

予備陸軍軍医中尉として、中国戦線で戦場心理の研究に従事していた早尾乕雄（はやおとらお）・金沢医科大学教授は、一九三八年五月に執筆した論文、「戦場心理の研究（総論）」のなかで、そうした兵士について次のように指摘している。

この例に見る傾向は今後はいっそう強くなり、兵は一々上官の行為を批評して問題にする時代が来ると思う。〔中略〕従って表面は星が上であるから〔階級が上であるという意味〕その命令に従っているが、非紳士的行動のある将校に対して次第に嘲弄の言動が赤裸々に出で、遂に統制が乱れることは少なくないことである。

（『戦場心理の研究１』）

逆に早尾によれば、酒癖が悪く料亭を遊び歩くような「不品行」な将校ほど、批判を恐れて兵士に慰安所に行くことを勧め、さらには強姦をけしかけるような言動に出る傾向があるという。こうした兵士たちが現われてきたことに対し、大正から昭和初期の陸海軍では、兵士の自主性をそれなりに認め、兵士に上官に対する一定の異議申し立てを認める方向での軍隊内改革が行われた。

しかし、満州事変が始まると、そうした動きは完全に頓挫し、日本の軍隊は天皇親率の軍隊＝「皇軍」であるというイデオロギーが急速に拡大し、「日本精神」がことさらに強調されるようになる。上官の命令は天皇陛下の命令であるとして、上官の命令への絶対服従を兵士に強制する古い体質を温存したまま、陸海軍は総力戦の時代に突入していく（『日本の軍隊』）。

古い変わらぬ体質を象徴しているのが、すでに述べた私的制裁である。古参兵が初年兵などに対して行う私的制裁には、さまざまなタイプがあった。行縄仁が描いた「自転車乗り」は、浮かせた足でペダルをこぐ真似を長時間させる制裁である（３-２）。

日中戦争の長期化やアジア・太平洋戦争の開戦によって、大量の「老兵」や「弱兵」が入隊してくるようになると、私的制裁は、自殺や脱走の大きな原因となった。そのため、軍幹部はその「根絶」を繰り返し強調したが、下士官、下級将校のなかには、私的制裁を黙認する傾向が根強かった。

一九四二年に徴兵検査を受検して甲種合格となり、「西部第51部隊」に入隊した太田

3-2　私的制裁の一つ，自転車乗り　出典：行縄仁「自転車乗りの場」（野戦重砲兵第九連隊戦友会『馬と轍別冊　画集で綴る軍隊生活』所収）

毅は、体が吹き飛ばされ、顔が変形するほどの激しい殴打に苦しめられた。「自殺者が出ると部隊は困るので『私的制裁厳禁』の通達が出ていたのだが」、「それは建前で週番士官も内務班長も知って知らぬ振りをしていた様子だった」。結局、太田は、「兵営に残って地獄の生活を続けること」を嫌い、補充員として戦地に赴くことを熱望し、ビルマ戦線に向かう（『わたしの戦争体験』）。

私的制裁によって死亡した場合、公文書の偽造も行われた。

大竹海軍潜水学校の分隊士だった医師の石井敬悟は、一九四五年六月のある日、急報で兵舎に駆けつけると、「新兵らしい若い兵隊がすでに死亡し、下腹部、臀部、大腿部」が黒紫色を呈していた。石井は太い棒で打ちすえて「気合いを入れる」、いわゆる「バッタ」による出血死と判断し、死体検案書を書くため、すぐに自分の部屋にもどった。死体検案書は死因がはっきりしない不審死の場合、医師が検案して作成する書類である。すると、事件のあった班の分隊長が、「検屍では軍法会議にかかり困るから死亡診断書を書いて欲しい」と頼み込んできた。こうした制裁に使われる「太い棒」は、「軍人精神注入棒」と呼ばれていた。

石井は「明らかに撲殺であ」り、「当事者の私としては死亡診断書は書けない」から、自分の上官に直接相談してくれと答えて、この問題から手を引いた。石井はおそらく戦病死として処理されたものと推測し、「死亡した兵隊が哀れでならなかった」と回想している(『傷痕II』)。

罪とされない私的制裁

そもそも、軍人の犯罪に適用される特別法としては陸軍では陸軍刑法が存在していたが(海軍では海軍刑法)、同法には「陵虐の罪」が規定されていた。陵虐とは上官が職権を乱用して、部下に対して残虐または苛酷な行為を行うことをいう。しかし、私的制裁と呼ばれる傷害行為の大多数は、この職権行使と何ら関係のない「一時の憤激」からなされたものと解釈されていたため、「陵虐の罪」が私的制裁に適用されることは、ほとんどなかった。

この点について、陸軍法務中佐の菅野保之は、私的制裁を取り締まる規定が、現行法制上、一般の刑法の「暴行及び傷害の罪等」しかないのは、「はなはだ不備なり」と指摘している（『増訂　陸軍刑法原論』）。

それでも、時には私的制裁が軍法会議で裁かれることもあった。中国戦線での出来事である。

一九四四年八月、初年兵教育係りの助手を命じられたある陸軍上等兵による、初年兵への執拗な私的制裁によって、彼の班に属する初年兵二八人のほとんどが「全治数日間を要する顔面打撲傷」を負った。このため、私的制裁を恐れた初年兵の一人が、自傷による離隊を決意して自分自身に向けて小銃を発砲したところ、弾丸がそれて他の初年兵に命中し、その初年兵が死亡する事件が起こった。この事件の審理の過程で、上等兵による私的制裁の実態が明らかにされ、その上等兵は刑法の傷害罪で懲役六ヵ月の判決を受けている。なお、自傷を試みた初年兵は、陸軍刑法違反などで、懲役一年六ヵ月・罰金一〇〇円の判決だった(『陸軍軍法会議判例類集1』)。

軍法会議で私的制裁が採り上げられるのは、おそらく他の犯罪と関連した場合に限られていたのだろう。それでは、二年兵以上の古参兵が初年兵に対して私的制裁を加えるのを好んだ理由は何だろうか。

一九四四年に召集され中国戦線で従軍した佐藤貞は、その理由として、「四年、五年、長い者は七年も八年も戦地にいる古参兵にとって、兵隊いじめは一つの憂さ晴らしだった」こと、「今まで内地で、のうのうとくらしてきた新参者に対する嫉妬」、「長い戦地生活で残虐なことに神経が麻痺してしまったこと」などをあげている(『軍隊まんだら』)。

私的制裁は、人間的な感性をそぎ落とされ、その一方で軍隊生活に強い不満を持つ古参兵が、弱者に向けた非合理的な激情の爆発だった。

軍紀の弛緩と退廃

すでに述べたように、日本の陸海軍は、兵士の軍隊に対する批判や不満をそれなりにくみ上げ、いわば「体制内化」することによって、軍隊内秩序を安定化させる仕組みを欠いていた。そのため、長期の従軍や待遇の劣悪化によって、兵士の不満や批判が鬱積していくと、そのはけ口として、占領地の住民に対する残虐行為が繰り返し行われた。軍隊の内部でも、軍隊内秩序を根柢から揺るがす犯罪や非行が多発し、軍紀の弛緩・退廃を生み出すことになった。

また、大量動員によって指揮・統率能力の劣る老齢の将校や短期の速成教育しか受けていない将校が増大したこと、「高度分散配置」によって軍幹部が兵士を直接掌握できない小部隊が増大したことなども軍紀の弛緩・退廃に拍車をかけた。軍紀とは、軍隊の統一性を維持するための規律や風紀のことを指す。

アジア・太平洋戦争期の軍紀の特徴は、上官の命令に対する不服従、上官に対する暴行、脅迫、侮辱、殺傷などの対上官犯の増大、そして、逃亡や奔敵（敵側への逃亡）の増大である（「大東亜戦争期の日本陸軍における犯罪及び非行に関する一考察」）。特に中国戦線での奔敵は深刻だった。

華北の場合、一九四二年に初めて二件の奔敵があり、それが一九四三年（一一月まで）には憲兵が把握しているだけでも一六件・一八人に増大し、「真に寒心に堪えざる現況」となった。なかでも、中国側の思想工作を受け、それに共鳴して自ら進んで敵に投じ、反戦活動などの「利敵行為を敢行するに至るもの」が多かった（「北支における奔敵事犯とこれが警防対策」）。

満州では脱走してソ連領に入った二人の兵士が、ソ連軍の「間諜」（スパイ）となって、満州国に潜入し逮捕されるという事件が一九四一年に起こっている。一人は共産主義への共感、もう一人は私的制裁が脱走の動機である。二人とも軍法会議で死刑となったが、「まさに軍空前の衝撃」だった（「越境入『ソ』兵の処刑に際し軍隊教育者としての指導力を再反省す」）。

「皇軍たるの実を失いたるもの」

軍紀の弛緩・退廃を示す具体的な事例を一つだけ見ておこう。

満州駐屯の満州第一九三九部隊は、隊長以外の全将校が応召者で兵士の掌握が不十分だった。これに対し兵士の大半は中国戦線での野戦経験者で、殺伐とした戦場生活に慣れ、駐屯地勤務の秩序に従おうとはしなかった。夜間に密かに兵営を抜け出し「軍慰安所」に通う者、班内で飲酒し「乱暴狼藉」に及ぶ者、昼夜を問わず公然と金銭を賭けた賭博を行う者などが後を絶たなかった。だが、部隊幹部は事なかれ主義に終始し、兵士の行為を黙認し続けた。

特に深刻なのは第三中隊だった。東京の「浅草興行界の顔役」だった石山上等兵（前科五犯）と、東京の千住に住み土木建築請負業者としてやはり「市井の顔役」だった小野寺上等兵（前科二犯）とがボス的存在となり、多数の兵士を抱きこんで「隠然たる勢力」を形成した。幹部はこの二人に「威圧」されて「微温的態度」で臨むほかなかった。一九四三年一二月、満州第一九四一部隊要員への転属命令が出ると、対処能力を失っていた部隊幹部は、この命令に乗ずる形で、石山、小野寺などの「悪質不良なるいわゆる注意兵」多数を選定して転属させた。ところが、転属先の第一九四一部隊でも、石山らのグループは暴行、傷害、脅迫事件を繰り返した。

さらにこのグループの二等兵が炊事場から米を盗み出して殴打された事件をきっかけにして、狩野軍曹を長とする炊事班との対立が激化する。転属組は、これを利用して自分たちの「勢威」を部隊内に示すことを決意、ついには上官の説得を無視して石山たち数十名の兵士が炊事場を襲撃し、班員に暴行を加えただけでなく、炊事場内外の「器物をたたきこわす等の乱暴狼藉（ろうぜき）の限り」をつくした。

結局この事件では、約八〇人の兵士が、懲役二〇年から懲役五年以下の有罪判決を受けた。この事件を収録した『軍紀風紀上等要注意事例集』の編者は、「数十名の多数をもって私闘」を演じ、上官に暴行を加えただけでなく、上官の制止命令にも従わなかったことは、すでに「皇軍たるの実を失いたるもの」とコメントしている。

こうした犯罪や非行の増大に対して、軍は有効な対策を講じることができなかった。犯罪や非行を分析した先述の論文が指摘しているように、軍には、「犯罪等の防止対策においても、精神要素の涵養など精神主義が基調となる傾向が強」かったからである。

3 後発の近代国家——資本主義の後進性

兵力と労働力の競合

欧米列強の軍隊と比較してみると、日本資本主義の後進性が軍備の増強や近代化にとって大きなマイナス要因となっていることがわかる。

第一には兵力動員と労働力動員との競合関係がより深刻だったことがあげられる。

労働生産性の低い日本の工業技術水準では、多数の熟練労働者を労働現場に確保しておく必要があった。労働集約的な零細農業が支配的な農村でも多数の農業労働力を必要とした。そのため、兵力動員と労働力動員との間に深刻な競合関係が生まれ、結果として、総人口中に占める動員兵力の割合は列強と比較して低い水準にとどまった（前掲、『アジア・太平洋戦争』）。

ドイツと比較してみると、日本の場合、男子人口に占める軍人の割合は、一九三〇年が〇・七％、一九四〇年が四％、一九四四年が一〇％である。これに対してドイツは、一九三九年が三・六％であり、一九四三年には二八％にも達している（『戦時戦後の日本経済（下）』）。

こうした隘路（あいろ）を打開するためには、二つの道しかなかった。一つは植民地からの兵力動員である。陸軍特別志願兵令の施行によって、朝鮮人の軍隊への「志願」が可能になったのは一九三八年四月、台湾は四二年四月、海軍特別志願兵制の朝鮮・台湾への施行は四三年八月、徴兵制導入のための兵役法の改正は、朝鮮が四三年三月、台湾が同年一一月である。

政府が植民地からの兵力動員に消極的だったのは、植民地支配に不満を持つ多数の被支配者を軍隊内に組み入れることに対する恐怖心などに加えて、兵役義務を課した場合、その「反対給付」として参政権の付与をよぎなくされることを危惧したからである。

未亡人の処遇と女性兵

もう一つは、女性の動員である。

深刻な労働力不足のなか、日本でも労働力としての女性の動員が始まり、多くの女性が軍需工場などで労働に従事した。しかし、動員の対象は基本的には未婚の女性に限定されていた。既婚の女性は、家庭に残り家庭を守るという「家」制度重視の発想が政府や軍の当局者のなかに根強かったからである。

こうした古い女性観、家庭観をよく示しているのが戦争未亡人の再婚問題だろう。そもそも、「産児報国」というスローガンに示されるように、人口の増加が戦時下における人口政策上の至上命令である以上、若い戦争未亡人には、再婚して新たに子どもをつくることが求められるはずである。ところが、政府や軍の政策はこれに逆行するものだった。

陸軍省の指導下にあった帝国在郷軍人会本部が軍人の家族、特に女性のためにまとめた小冊子に『軍国家庭読本　締めよ、こころ』（一九三九年）がある。同書は、「女房式目」の一節を引用しながら、「一度嫁いでは、男は夫以外にはないものだ、という絶対な心持ちを教えたものであります。されば妻たるものが、主人に別れたならば、一生独身で暮らすべきものである、というのが日本の婦道であります。そしてまた、それは貞操上の理想なのであります」と主張している。

また、一九四一年一〇月九日の陸軍省課長会報では、恩賞課長が、「未亡人に対する指導は夫の家にとどまるのを原則とし、やむを得ざるもの（子なきため等）は他へ嫁すもさしつかえなしということにしておる。従って人口問題からのみ見ていたずらに未亡人を再婚せしむるよう指導するなどのことなきよう願いたし」と発言している（前掲、『陸軍省業務日誌摘録　前編』）。「家」制度に女性を縛りつけておくという発想が強いことがわかる。

第二次世界大戦は、多数の女性が兵士として従軍した最初の戦争だった。補助部隊であるとはいえ、アメリカやイギリスでは女性の部隊が作られたし、ソ連では戦闘部隊にまで女性兵士が配置された。しかし、日本では、一部に女性兵士採用の主張があったものの、結局は実現せず、少数の女子通信隊が編成されただけだった。女子通信隊とは、一九四三年三月、日本本土防衛にあたる陸軍の東部軍に、防空通信を任務として編成された部隊である（隊員約四〇〇〇人）。その後、中部軍・西部軍・北方軍・朝鮮軍にも同様の女子通信隊が相次いで編成された。ディバイデッドスカート（キュロットのこと）に長めの編み上げ靴、鳩のマークに「防」の字を配した胸章、という制服を身につけた軍属の部隊である（「本土防空通信に任じた女子通信隊員」）。

東部軍女子通信隊の隊員だった矢野茂子は、「カーキ色の制服・制帽・白手袋・軍靴の姿で意気揚々と竹橋から行進して行く姿は若い女性の羨望のまとであったようです。〔中略〕行進中の『歩調とれ、頭右』の号令も我ながら勇ましいものでした」と回想している（『若き日の防人たち』）。軍の側の積極的働きかけがあれば、女性の側がそれに応じる可能性はあったように思う。いずれにせよ、隘路を突破する道は二つとも、重点政策とはならなかった。

少年兵への依存

植民地出身者や女性の軍事動員に対する消極的姿勢と比べて、際だっているのは少年兵の重視である。

海軍では、はやくも一九三〇年に航空機の搭乗員を養成する飛行予科練習生制度が創設されている（応募資格は一五歳から一七歳）。いわゆる予科練である。陸軍でも一九三四年に同様の少年飛行兵制度が創設され、その後、少年通信兵、少年戦車兵などが次々に誕生していく。純真で心身ともに柔軟な少年期から徹底した専門教育を実施し、特殊技能を持つ下士官を養成することが目的だった。志願者の多くは家庭の経済事情などから上級学校に進学することができなかった向学心に燃えた少年たちである（『軍隊教育と国民教育』）。

アジア・太平洋戦争の時代に関しては、二つの新制度が重要である。一つは、一九四二年に発足した海軍特別年少兵（正式名称は、海軍練習兵）である。一般には、特年兵と呼ばれた。もう一つは軍人ではないが、少年船員制度である。

本来、海軍特別年少兵制度は、これまでよりさらに若い一四歳以上一六歳未満の少年から採用した練習兵に長期の特殊技能教育を行い、海軍の中堅幹部を養成することを目的にしていた。しかし、戦局の悪化によって、短期間の教育の後に、第一線部隊に、ただちに配置する方針に変わった。このため、実戦に参加した第一期三二〇〇人のなかから二〇〇〇人の戦死者を、同じく第二期生三七〇〇人のなかから約一二〇〇人の戦死者を出している。戦死率は四六・四％になるが、戦死したのは、年齢一五歳から一六歳の少年だった。

第三、四期は教育期間中に敗戦を迎えているが、第三期の荻野末雄は自分の母親と親類たちが、「あんな子供まで兵隊に行かねばならないとは、戦争もどうなることやら」という「強い疑問」を話し合っていたことを後で知ったという（『海軍特別年少兵』）。

少年船員制度は、船舶の新造と、船舶の喪失による船員の死亡とによって、船員が不足したため、短期間の教育で多数の一般船員を養成する目的で作られたものである。船員募集の重点は国民学校高等科（国民学校は現在の小学校）卒業の少年たちに向けられ、一九四二年一二月には普通海員養成所規則が制定され、各地に普通海員養成所が次々に設置されていった。

入所資格は基本的には国民学校高等科を卒業した一四歳以上の男子で、教育期間はわずか三ヵ月である。これによって、約四万人の少年船員が養成された（『海員学校50年の歩み』）。アジア・太平洋戦争での戦没船員数は六万六〇九人とされているが（前掲、『旧日本陸海軍の生態学』）、このなかには一五歳前後の少年船員が含まれていたのである。

南洋海運の船員だった沖之悠は、一九四四年初め、千島列島に向かう「まどらす丸」に乗船したが、そこで会ったまだ声変わりもしていない「少年海員」のことを、次のように回想している。

十人の少年海員は、みながあまりにもまだ頼りなかった。厳寒、吹きさらしの甲板作業に、一時間程でばてて涙をこぼし、強気な甲板員が怒鳴りつけると泣き出す始末だった。〔中略〕それに船酔いが一向に治らず、青い顔でふらふらしていた。同乗の船舶兵によくなぶられたり、気合いを入れられて震えていた。夜ごとの夢は郷里の父母だったろう。（『海なお深く』）

遅れた機械化

第一次世界大戦は、自動車の大量使用という面でも大きな画期となった。軍馬に代わって軍用自動車が人員や物資の輸送にあたるようになり、大戦後も欧米列強は軍への自動車の導入に積極的だった。しかし、日本では、自動車産業そのものが未発達だった。

一九三六年の時点でみてみると、アメリカの自動車生産台数は年間で四四六万一四六二台、イギリスが四六万一四四七台、ドイツが二七万一〇〇〇台、これに対して日本は、わずか一万二〇八六台にすぎない。

日本政府は、自動車産業の育成と国産化に力を注いだが、生産能力の大幅な増加は期待できなかった。このため、軍でも物資の輸送にあたる輜重兵連隊や偵察にあたる捜索連隊などで自動車が導入されたが、アジア・太平洋戦争の開戦後も輸送の中心は依然として軍馬だった（前掲、『日本の軍隊』）。

第二次世界大戦では、ドイツ軍やソ連軍も多数の馬を使用したが、機械化の立ち遅れゆえの軍馬への依存という点では、日本はやはり際だっていた。満州事変、日中戦争、アジア・太平洋戦争に参加した馬の数は、軍馬と現地徴用馬をあわせて百数十万頭（うち軍馬は七〇万頭）にも達する。

なお、馬は寒さには強いが暑さには弱い動物であり、「炎熱時の直射日光によって日射病になり、熱地の鉄道輸送や船舶輸送では、よく熱射病にかかった」と指摘されている（『日本陸軍獣医部史』）。そもそも南方作戦には不向きの動物だったのである。

この軍の機械化の立ち遅れについて、元陸軍中佐の加登川幸太郎は、日本軍は「この軍の移動をまったく馬にたよっていたのである。〔中略〕これでは馬がいない、馬が使えないとなった場合、機関銃も大砲も人間が曳(ひ)くより仕方がない。日露戦争当時から一歩もすすんでいない、といわざるを得ない」として、「日本陸軍は『馬の軍隊』であり、『人力の軍隊』であった」と酷評している（前掲、『日本陸軍の実力　第二集』）。

また、自動車を使用している部隊の場合でも、国産車の性能の悪さが頭の痛い問題だった。一九四〇年の時点で、「今般の事変〔日中戦争〕に際して少なからず参戦した国産自動車を通しての悪評」は無視できないものであり、「公平に言って未だ国産車は外国車の性能に劣り、改善すべき余地が多々ある」と論評されている（「国産自動車の改善策」）。

アジア・太平洋戦争が始まっても状況は変わらなかった。一九四二年三月のジャワ島攻略作戦に参加した独立速射砲第五大隊の報告書は、おおよそ、次のように指摘している。

当隊のトラックは全て国産の「トヨタ」を使用していたが、国産車の性能の劣悪さを痛感した。スコールのため道が悪路と化すとたちまち動けなくなり、山地や急な坂道ではしばしば停止して道をふさぎ、後方部隊に迷惑をかけた。これに対して、「フォード」、「シボレー」などの外国車は、そうした地点でもやすやすと通過していく。戦争による輸入の途絶のため、今後は国産車に依存するしかない我が国としては、国産自動車産業の発達を助長することに、いっそうの努力を必要とする。

（「自昭和十七年一月五日　至昭和十七年三月十四日　『ジャバ』攻略戦行動詳報」）

体重の五割を超える装備

悲惨なのは歩兵である。

歩兵の場合は、乗馬を認められた将校（大隊長以上）を別にすれば、移動は徒歩による行軍が中心だった。兵士たちは、鉄帽（ヘルメット）、背嚢、雑嚢、小円匙（シャベル）、天幕、小銃、銃剣、弾薬盒（ごう）（弾薬入れ）などの武器や装具を身につけて行軍する。長期の戦闘、特に後方からの補給が期待できない戦闘に参加するときは、予備の弾薬や食糧がさらに加わる。問題は、どれだけの重量の負担に兵士が耐えられるかである。

陸軍軍医団の研究によれば、日中戦争前の段階では、負担量の「能率的限界は体重の三五ないし四〇％の範囲」とされていた（『行軍病提要』）。

ところが、日中戦争が長期化するなかで、陸軍軍医大尉、出口鉄也の研究によれば、「近代戦闘の複雑化に伴い、兵の携行する武器装具は益々（ますます）増加し、兵の戦時負担量は体重の五〇%を超過せんとする状況に」なった（「武装方法の衛生学的研究　第二報」）。

中国戦線では、拉致してきた住民に武器や装具を担わせ部隊と行動をともにさせることが普通に行われていたが、住民が完全に避難している地域では、それもできなかった。

一九四四年一月、歩兵第二二六連隊第一大隊付きの軍医となって大陸打通作戦に参加した河原剛は、強行軍の連続で隊員の体力が低下していると感じ、大隊全員の体重と負担量の調査を実施した。その結果、一番負担量が多いのは擲弾筒（てきだんとう）（小型の榴弾を発射する携帯火器）の弾薬手、二番目が軽機関銃の射手であり、「一番ひどい兵は、ほとんど自分の体重に近い負担量を持って行動」していることがわかった。河原は、この問題について次のように書いている。

これらの測定成績を、師団軍医部に詳しく報告し、兵員の負担軽減を意見具申した。ところが軍医部長、高級部員、いずれも「ウーン」とうなったきりで、何の音沙汰もなかった。この問題は司令部でもわかってはいたが、対策の立てようがなかったのであろう。

（『陸軍軍医学校第二十三期生と太平洋戦争』）

軍中央もまた負担量の増大を容認した。

教育総監部が一九四四年一月に編纂した『山岳地帯行動の参考』は、山岳地帯における作戦行動の指針を示したものだ。「徒歩を本則」として「車馬」は必要最小限度のものにとどめ、「重量物の人力運搬用」として背負子の準備を指示している。そして、兵士の負担量については、小銃手は三五キロ、擲弾筒手は三六キロ、軽機関銃手は四二キロを著しく超過しないことを原則とするとしていた。

この時期の兵員全体の平均体重を示す史料がほとんど見当たらないが、一九四三年の徴兵検査の記録を見てみると、二〇歳の壮丁の平均身長は一六一・三センチ、平均体重は五三・二キロである（「昭和十八年全国徴兵事務状況」）。また、前掲「日本武装軍の健康に関する報告」では兵員の体重は、「戦前平均」で概ね六〇キロ、アジア・太平洋戦争末期で平均五四キロとされている。

さらに、軍隊内には、「弱兵」や「老兵」が急速に増大していた。そのことを考慮に入れるならば、『山岳地帯行動の参考』で示された五〇％を大きく超える負担量がどれだけ苛酷なものであるかが理解できる。

ちなみに、満州事変期に満州に派遣された歩兵第二八連隊を例にとると、初年兵の平均体重が六五・六七キロ、二年兵のそれが六六・二キロである（歩兵第二八連隊長「衛生概況報告」）。一〇年ほどの間に兵員の体重が大きく低下していることがわかる。

実際の戦場を見てみよう。

一九四四年三月に開始されたインパール作戦では、日本軍は山岳地帯を通過してインパールに向かった。戦後の座談会で、歩兵第五八連隊に従軍した兵士たちは、「あの時の個人装備は、少なくとも十貫（四十キロ）を超えていたと思う」、「進発した時の携行品は、米二十日分（約十八キロ）、調味料、小銃弾二百四十発、手榴弾六発、その他色々、それに小銃や帯剣〔銃剣のこと〕、鉄帽、円匙、小十字鍬〔つるはし〕がある。擲弾筒手や軽機関銃手は五十キロは担いでいただろう」などと語っている（『高田歩兵第五十八連隊史』）。

また、同じくインパール作戦に参加した歩兵第二一五連隊の場合でも、負担量は一人では立ち上がれない重さであり、「出発準備の号令がかかった時など、亀の子みたいに手足をバタつかせても起き上がれず、かわるがわる手を引いてもらって立」ち上がったという（『歩兵第二一五連隊戦記』）。

中国戦線でも、一九四四年に入ると制空権を連合軍側に完全に奪われたため、目的地への行軍は夜間となり、兵士をいっそう疲弊させた。

迫撃第四大隊の一員として、大陸打通作戦の湘桂作戦に参加した中与利雄は、「昼間の戦闘と夜行軍が幾日も続くと、将兵たちは極度な疲労と過激な睡眠不足に陥り、あげくの果ては意識が朦朧となって行軍の方向すら見失い右や左、後方に向かって進む戦友もいたことは事実でございます。特に雨中暗夜の行軍は大へんでした。〔中略〕激しい撃ち合いの戦闘よりも、行軍による体力・気力・戦意の消耗はとてもひどかったことは事実です」と回想している（『野戦の想い出』）。

飛行場設営能力の格差

機械化の立ち遅れによって不利な戦闘を強いられた典型的な事例としては、飛行場の設営能力があげられる。

特に、一九四二年から四三年にかけてのソロモン諸島やニューギニアでの航空戦では、米軍がブルドーザーやパワーシャベルなどの土木機械を駆使して必要な地点に一週間内外で飛行場を建設したのに対し、日本軍は人力主体の設定方式に依存し、飛行場の完成までに一ヵ月から数ヵ月もかかった（前掲、『戦史叢書　陸軍航空作戦基盤の建設運用』）。

また、陸軍の野戦飛行場設定隊は乏しい作業能力のため、ジャングルの伐採を必要最小限度にとどめたため、滑走路は狭く短いものとなり離着陸時の事故の原因となった。

これに対して米軍の飛行場は複数の広い滑走路を持っていた。さらに整地しただけの日本軍の飛行場は、視界を妨げる砂塵に悩まされ飛行機の離着陸に長い時間を必要としたが、米軍の飛行場は、十分な土壌改良と転圧を施した上に穴あき鉄板（穿孔鉄板）を敷きつめたものだった（「研究ノート　ニューギニア戦にみる日本陸軍の飛行場設定」）。

海軍は徴用工員を主体とした設営隊が飛行場を建設したが、「その内容は人夫を集めて、『つるはし、もっこ、ローラー』を装備した時代遅れのもので」、設営能力不足のため必要な地点に飛行場を建設できず、やむをえず建設可能な地点に飛行場を建設するしかなかった（『戦史叢書　海軍航空概史』）。

なお、この「人夫」という言い方には差別的なニュアンスが感じとれる。事実、海軍第一三一設営隊に所属していた山崎三朗は、「私たち設営隊員は、満足な戦闘訓練を受けることもなく、徒手空拳のまま最前線に放り出され、海軍の〝雇われ人夫〟的な存在として酷使された。そのうえ、味方であるはずの軍人たちからは、理不尽な扱いを受けることが少なからずあった」と回想している（『海軍設営戦記』）。

さすがに、設営能力の低さによって不利な航空戦を強いられていることが誰の眼にも明らかになると、設営隊の機械化がはかられ、一九四三年後半期には機械化された設営隊が前線に投入された。しかし、ブルドーザーなどの土木機械はアメリカ製品の模倣にすぎず故障が続出した。また、土木機械の運転員や修理工の不足、建築資材の不足などもあって、これらの設営隊も十分な作業力を発揮できなかった（『基地設営戦の全貌』）。当時、実際に前線で能率良く稼働していたのは、初期作戦のときに米軍から捕獲したものが多かったという（『海軍施設系技術官の記録』）。

なお、米軍の高い設営能力は山岳戦でも発揮された。米軍は多数のブルドーザーによって険しい山肌を切り開き、短時間のうちに進撃路や補給路をつくりあげたからである。第一〇師団の兵士としてルソン島で米軍と戦った横山泰和は、広大な米軍道路を見たときの驚きを、「びっくりしましたね。その機械力に。もう戦争以前の問題ですね。ずーっと続いてるでしょ。『あれはなんですかね』って。自動車道路ですよ」と語っている（『証言記録　兵士たちの戦争①』）。

一〇年近く遅れた通信機器

日本軍の通信機器にも大きな技術上の欠陥があり、作戦上の無視できない障害となっていた。

陸海軍の戦闘機に搭載されていた無線電話の性能が悪く、効果的な編隊戦闘が実施できなかったことなどは比較的よく知られているので、ここでは陸軍の陸上通信を取り上げる。

そもそも陸軍は通信の必要性に関する認識がきわめて低く、動員師団や内地の師団に師団通信隊が編成されるようになったのは、日中戦争以降のことだった（『日本無線史9』）。アジア・太平洋戦争の段階では、師団によって違いがあるようだが、基本的には師団、連隊、大隊にまでようやく通信隊が設置されるようになった（『帝国陸軍兵器考』）。

陸上通信には有線通信と無線通信の二つがあったが、問題は陸軍があくまで有線通信を重視したことである。サイパン島の防衛にあたった第四三師団の参謀、平櫛孝中佐は、「日本軍は、無線による部隊相互の連絡はあくまで有線連絡の副手段として使われ、第一線部隊とその指揮中枢との間は、有線電話がその主要手段だった」としている。そのため、米軍の砲爆撃が始まると通信線はたちまち随所で断線して不通となる。司令部は各部隊の状況を把握できず、各部隊も司令部の統一した指揮を受けることができなくなる。司令部と各部隊を結ぶ「指揮幹線が有線電話一本という通信装備では、あまりにも現代戦には時代遅れ」だった（『サイパン肉弾戦』）。

大本営陸軍部「戦訓特報　第三九号　『ペリリウ』『アンガウル』島作戦の教訓」（一九四五年一月二四日付）によれば、一九四四年九月から一一月にかけて戦われたペリリュー島防衛戦でも、米軍の艦砲射撃と銃爆撃によって、早い段階で通信連絡組織が寸断された。その結果、各部隊は島内各地に「健在」しているにもかかわらず、「その統一組織を喪失してあたかも全身不随」となり、島内に「敗残兵」が割拠しているかのような状況となった（『「戦訓報」集成2』）。統一した指揮のないまま、孤立した各部隊がばらばらに米軍と戦闘している状態である。

また、一九四四年のニューブリテン島西部における米軍の上陸作戦では、猛烈な砲爆撃によって日本軍の有線の大部分が寸断されたため、米軍が朝に上陸を開始した事実を守備隊の連隊長が知ったのは、その日の夕方だった。それも徒歩の伝令（連絡兵）の報告によってである（「自昭和十八年三月　至昭和十九年六月　通信に関する戦訓蒐録」）。

通信機器のもう一つの問題は、米軍と違って、片手でも保持が可能な携帯用小型無線機（ハンディートーキー）を持っていなかったことである。第一線の歩兵用無線機として陸軍で最も多く使われたのは、九四式五号無線機と九四式六号無線機である（『大陸通信戦記』）。しかし、その「取扱法」によれば、前者は駄馬（荷物を背負わせて運ばせる馬）一頭に無線機一ないし二台を駄載して運搬し、後者は駄馬一頭に二梱包・四台を駄載して運搬させた。付属品も含めると前者は四二・五キロ、後者は二台で四八キロの重量があり軽快性に欠けた。

さらに、携帯用小型無線機がないため、指揮官と前線、あるいは前線の諸部隊相互の連絡は緊密さを欠いた。一九四二年三月、無線分隊長として、中国戦線の歩兵第二三二連隊第二大隊に配属された小柴典居は、連隊長から中隊長、大隊長から中隊長への命令や連絡は携帯無線がないため、伝令に頼る以外に手段がなく、「携帯無線を持たない旧式な軍団」の現実に大きな戸惑いを感じたという（『死闘天宝山　新装改訂版』）。

なお、小柴無線分隊の「装備」は無線機一台と伝書鳩五羽だった。伝書鳩が未だに使われていたのである。また、長い縦隊の先頭と後尾との連絡などでは、連絡事項を口頭で順次申し送る逓伝（ていでん）という原始的な方法がよく使われた。

これに対して米軍の通信機器は、携帯用小型無線機も含めきわめて高性能で、局地における戦闘でも歩兵部隊が艦船、砲兵、飛行機と連絡を取りあいながら、統合した戦闘力を発揮した。米軍は日本軍の通信機器のこうした問題点を正確に把握していた。アメリカ陸軍省が一九四四年に発行した『日本陸軍便覧』は、「日本軍は有線通信に最も重きを置いている」、「現在までの機器は旧式な設計である。〔中略〕連合国において一九三五～一九三七年の間に使用されていたそれらと比較し得る」と指摘している。

軍需工業製品としての軍靴

軍事史研究者の山田朗は、国力＝ウォーポテンシャルを量的に判定するためには、一般に、①国土の広さ、②人口、③経済力、④軍事力が指標にされることが多いとして、日米間の国力の格差を具体的に明らかにしている（『近代日本軍事力の研究』）。この四つの指標のうち、③に関しては、中村隆英、原朗、山崎志郎などに代表される経済史研究者による戦時経済研究の分厚い研究蓄積があるので、ここでは、軍靴の製造について、工業の面から簡単な分析を加えたい。

陸軍の軍靴の粗悪さについては、一九四〇年一一月に召集され、アジア・太平洋戦争中は兵士として、主に中国戦線で戦った柴原廣彌が、「帰途、自分の軍靴は泥道ばかり歩いていたため縫い糸が腐り、段々程度が悪くなり泥道に突っ込んだ時に、踵（かかと）の糸が切れてポッカリ口が開いてしまい、仕方なく縄で絡げて歩き続け」たと書いている（『里の秋を聞き乍』）。

また、一九四四年春の京漢作戦（大陸打通作戦の一環）に参加した歩兵第一三九連隊の戦記は雨中の行軍の悲惨さを次のように記している。

雨のために凍死するものが続出した。軍靴の底が泥と水のために糸が切れてすっぽり抜けてしまい、はきかえた予備の新しい地下足袋もたちまち泥にすわれて底が抜けてしまった。そのために、はだしで歩いていた兵隊がやられてしまったのである。雨水が体中にしみわたり、山上の尾根伝いに、深夜はだしで行軍していたら、精神的肉体的疲労も加わって、訓練期間の短くて、こき使われることの最もはげしい老補充兵が、倒れてしまうのも当然のことであろう。（『遥かなり大陸の戦野』）

経理将校の戦後の座談会でも、「たとえば編上靴〔軍靴〕、あれはどこが傷むかというと、皮じゃないんだというんだね。糸が切れちゃうというんですよ」、「皮が痛まなくて糸が切れたと。これは今おっしゃられたまさにその通りです。一つの作戦で全部口がパクッと開きます」などと語られている(『陸軍経理部よもやま話』)。

軍靴に使用する皮革の劣化に関しては第2章ですでに述べた。ここではこの糸の問題、縫製工業について少し見ておきたい。

戦前の家庭用ミシンは、シンガーなどの外国製品あるいはその中古品の輸入が中心だった。しかし、日中戦争の長期化による戦時統制経済への移行に伴って輸入品の統制が始まると、ミシンの輸入は事実上不可能になった。政府は国産ミシンの製造に力を入れる。

その結果、一九四〇年には一五万六八〇二台のミシンが生産されたが、これが戦前では最高の生産実績となった。ミシンは、兵士の軍服、外套、下着、軍帽などだけでなく、軍靴や背嚢などの革製品の生産にも必要不可欠だった。そのため軍需用ミシンの生産が最優先され、アジア・太平洋戦争が始まると、家庭用ミシンの生産は事実上禁止された(『日本ミシン産業史』)。

問題は、軍需用ミシンの中心が精密な工業用ミシンだったことである。工業用ミシンの大部分を外国製品に依存していたため日中戦争以降、急速な国産化がはかられたが、資材・技術者・熟練工の不足で、「軍の要望をみたすまでの量産にはほど遠かった」。国産の工業用ミシンは、欧米製品に比べて技術面、材質面での開発が大きく立ち遅れていたのである（『蛇の目ミシン創業五十年史』）。

くわえて、頑丈な軍靴を作るためには、縫糸は亜麻糸でなければならなかった。亜麻の繊維から作られる亜麻糸は細くて強靱であり、特に、陸海軍の軍靴のように有事の動員に備えて長く貯蔵しておく必要があるものは、「絶対にこの糸で縫うことが必要である」とされていた（『製麻』）。

しかし、亜麻は日本国内では冷涼な気候の北海道でしか栽培することができない。そのため、日中戦争が始まると軍の需要に生産が追いつかなくなった。北朝鮮や満州での栽培も試みられたが十分な成果をあげることができず、結局、品質の劣る亜麻の繊維まで使わざるをえなくなった。

さらに、一九四〇年からは亜麻糸七〇％、スフ三〇％の比率の混合糸の生産が始まった（『帝国製麻株式会社五十年史』）。スフとは品質の低い人造繊維である。結局、軍靴の縫糸が切れやすくなったのは、亜麻糸の質の劣化が原因の一つだと考えられる。

以上のように、こうした基礎的な産業面でも、日本はかなり早い段階から総力戦上の要請に応えられなくなっていたのである。

終章

深く刻まれた「戦争の傷跡」

再発マラリア――三〇年以上続いた元兵士

アジア・太平洋戦争は日本の敗北に終わった。しかし、戦争終結後もアジアや連合軍の戦争犠牲者はもとより、日本の元兵士たちも、自らの心と体に刻まれた戦争の傷痕に悩まされることになる。ここでは、これまであまり取り上げられることのなかったいくつかの傷痕について論じてみよう。

初めに取り上げるのはマラリアの問題である。戦前の日本には八重山諸島などにわずかな「土着マラリア」が存在していただけだったが、敗戦によって海外にいた約六六〇万人もの軍人・軍属、民間人の国内への引き揚げがいっせいに始まった。このため、海外で感染し国内で発症する「海外マラリア」の増大が危惧された。実際には一九四六年に三万人近い患者が出ただけで、患者数はその後急速に減少していった（「日本におけるマラリア」）。

しかし、マラリアに悩まされる元兵士も少なくなかった。「熱帯医学」の研究者として有名な小田俊郎は、「戦後マラリア」には、戦地で罹患した帰還者が帰国後、再発を繰り返す「再発マラリア」と、罹患帰還者の血中のマラリア原虫が蚊を媒介にして他の人に感染し発症する「新鮮なマラリア」の二つがあるが、「ことに重要なのは再発マラリア」だと早い段階で指摘していた（『再発マラリアの予後及び治療』）。

実際、マラリア原虫を体内に持って帰国すると、帰国後一～三月の間に一、二回再発する人が多く、半年を経過するとようやく再発者数は半減し、「帰還後、五年後になっても、なお再発を繰り返す執拗なものは極めて少」いと報告されている（「戦後マラリアの流行学的研究」）。それでも、五年を過ぎてもマラリアが治癒しない元兵士がいた。

大鶴正満と加茂甫は、自然治癒の「一つの目安」として、帰国後五年という年限がよくあげられるが、「この年限を経過して再発する例も決して存在しないわけではない」として、敗戦後九年の今日でもなお、「いまだに国立病院〔戦前の陸海軍病院〕等に戦地罹患マラリアの再発を訴えてくる旧軍人、軍属のあること」に注意を喚起している（「覚醒剤常用者の間に発生したマラリアについて」）。

マラリアが長期化した元兵士の事例をみてみよう。

第二七師団第四野戦病院付きの軍医だった田中英俊は、マラリアが完全に慢性化し日本では入手できないマラリア治療薬プリマキンを外国人医師から入手することによって戦後三〇年たって、ようやく完治したという（『改稿　湖南進軍譜』）。

ラバウルでマラリアに感染し脳症を発症した山寺三七の場合は、さらに深刻である。復員後、最初の五、六年は毎月、その後二〇年ほどは毎年五、六回発症した。山寺は、その苦しみについて、「今年で復員してより三十五年、今年の一月十一日より十六日まで、またマラリヤが出たが、熱は少なく、ただ足のだるさが強くあったのみで終った。俺の脳天は罹患より今日まで、毎日毎日が鬱陶しい、一日でよいから俺の脳天に日本晴れをくれ」と書いている（『ラバウル』）。

栄養失調症もまた体に目立った痕跡を残した。

ニューギニア戦線で戦った経理将校の森鉄樹によれば、「栄養失調独特の土色の膚が人並みになったのは早い者で二年、遅い者は五年くらいかかった」という（『十誠』第七号）。また、小澤孝太郎は、一九四四年一〇月、乗艦していた戦艦「武蔵」が米軍機の攻撃で沈没、その後、ルソン島の陸戦隊に編入されて極度の栄養失調となった。小澤は復員後の状況について、「古いなめし革のようにカサカサの真黒な皮膚は三年、四年としみとなって徐々に取れていった」と回想している（『燃え尽きた青春』）。

半世紀にわたった水虫との闘い

人間が感染するカビである水虫も軍隊と縁の深い病気である。

第一次世界大戦では、塹壕戦が長期化し、兵士たちは水たまりや泥濘（でいねい）のなかでの不衛生な生活をよぎなくされた。水で濡れたままの軍靴を履き続けるため、深刻な凍傷や水虫、あるいはその合併症が蔓延した。いわゆる「塹壕足」（トレンチ　フット）である。重症の場合は指や足を切断しなければならなかった。日本軍の場合は、水虫の感染はとりわけ深刻な問題だったと思われる。靴を履く習慣をあまり持たない日本人が常時靴を履き、集団生活を営む場が軍隊だったからである。それだけに、戦後も戦時中に感染した水虫に悩まされる元兵士が多かった。

衆議院議員園田直（のち、外相・厚相）は、歩兵少尉として一九三八年の武漢作戦に参加している。ひどい「泥濘戦で、ほとんど半年も靴を脱がない時があった」という。この作戦時に「言語に絶するほど」の悪臭を放つ水虫に感染し、戦後も長い間、悩まされることになる。典型的な「塹壕足」である。一九五四年になって、水虫の研究で有名な小堀辰治博士の治療を受けるようになり、手術も受けてようやく完治した。小堀博士からは「私の記憶する範囲ではまずまず最大級の一つですね」と言われたという（「水虫を治した十七年」）。

海軍の特年兵として「武蔵」に乗艦した塚田義明も、真水の使用が極端に制限されていたこともあって、すぐに水虫に感染したが、敗戦後もなかなか治癒しなかった。塚田は戦後における水虫との「長い戦い」について次のように書いている。このような形での「終らない戦後」もあったのである。

戦後、色々な水虫治療薬が出て、そのつど試してみたが、かえって炎症を起こし、真っ赤に腫れあがって、歩くことができないほど、ひどい目にあったこともあった。わが水虫のしつこさにはうんざりだったが、昭和が平成に改まり、やっと私にあった治療薬に巡り会い、二年越しの根気ある治療が実って、やっと退治したのだった。じつに、半世紀に及ぶ年月を水虫とつきあってきたわけで、オーバーな言い方をすれば、これで私の戦後が終わった。それが実感であった。（『戦艦武蔵の最後』）

なお、陸海軍ともに、水虫の予防と治療は軽視された。海軍軍医少佐の本山重雄によれば、海軍では水虫に悩まされる者は多かったが、他の皮膚疾患とは異なり、患者を「皮膚科的治療に狩り出すこと」はなく、売薬や民間療法による「自家療法」に任せていた。そのため、大多数は治癒せず、水虫は完治しないという「誤りたる観念」が広がっていたという（「汗疱状白癬（いわゆる水虫）の治療に関する新考案」）。

夜間視力増強食と昼夜逆転訓練

さらに、覚醒剤の副作用や覚醒剤中毒の問題も深刻だった。ここでは夜間戦闘機の搭乗員を取り上げてみよう。

敵の艦船や航空機を探知するレーダーなどの電波兵器の開発で、日本が大きく立ち遅れていたことはよく知られている。夜間戦闘機には射撃用レーダーが不可欠だが、欧米諸国とは異なり、日本ではその開発は難航し実用化には至らなかった。その結果、夜間での戦闘は搭乗員自身の視力に依存せざるをえない。そのため、陸軍では夜間視力増強食が使用された。

これは、卵黄、ビタミンA、ビタミンB2、カルシウム、アドレナリンなどを含有した菓子状のもので、視力の増強にかなりの効果があったという（『日本栄養学史』）。陸軍の夜間視力増強剤としては、錠剤の「み号剤」が知られているが、右の夜間視力増強食との関係はよくわからない。

また、夜間視力強化のため、陸海軍がともに実施したのが昼夜逆転訓練である。陸軍ではその訓練は次のようなものだった。

さらに、生活自体を昼夜逆転させ朝食を正午にとって初心者の訓練を開始、昼食を深夜に食べて夜間生活に慣れさせた。搭乗員室には暗幕を張り、外へ出るときは黒メガネをかけて目を闇になれさせたほか、瞳孔を大きくする「み号」ビタミン剤やホルモン剤（スケトウダラの目を丸薬にしたものなど）を服用、夜間視力の向上に努めた。暗幕や黒メガネは、例えば映画館に入ってふつう一分半で周囲が見えるようになるところを、四〇秒ほどに縮められた、と言われるが、薬剤による夜間視力の向上は気休めの域を出なかったようだ。（『日本本土防空戦』）

同書によれば、その後は、午後四時か五時に起床して夜間訓練を行い、午前五時に就寝するという完全な昼夜逆転生活に移行し、ノイローゼ患者が何人も出たという。

覚醒剤の副作用と中毒

海軍では夜間戦闘機の搭乗員に、疲労回復、眠気や眼精疲労防止の目的で、すでに述べた「除倦覚醒剤」を常用させていた。そのために、軍が軽視していた覚醒剤の副作用が敗戦後に深刻な問題となる。

夜間戦闘機「月光」の搭乗員としてB29の迎撃戦に従事していた黒鳥四朗は、出撃のたびに軍医から夜間でも目がよく見えると言われて「暗視ホルモン」の注射を受けていた。ところが復員後、食欲不振、動悸、身体のふらつき、幻覚などの原因不明の症状に悩まされた。陸軍の元軍医から、「そりゃヒロポンですよ」といわれたことがきっかけとなって、覚醒剤のヒロポンの副作用であることが判明し、一九五八年頃から、ようやく体調は回復し始めた。ただし、黒鳥は、「合法ドラッグ」として市販されていた錠剤のヒロポンより、「私が打たれた注射液は、〔中略〕高濃度だったように思える」と書いている（『回想の横空夜戦隊』）。

市販用のヒロポンと軍用のヒロポンには違いがあるのかも知れない。いずれにせよ、黒鳥は自覚のないまま、十数年にわたって覚醒剤の副作用に悩まされていたことになる。

もう一つの問題は、軍隊や軍需工場での覚醒剤使用によって覚醒剤中毒となった人々である。松沢病院（精神科の専門病院）の患者や上野の「浮浪者」などを対象にして、覚醒剤中毒者の調査を行った立津政順、後藤彰夫、藤原豪の三人の医学者は、この点を次のように指摘している。

軍関係では航空兵、飛行場建設作業者、または工場などで能率増進の目的からなかば強制的に〔覚醒剤が〕使用された。上野の浮浪者中の中毒者のなかには、兵役従事中に覚醒剤の味をおぼえ、11年ないし15年にわたって連用している者が3名あった。松沢病院入院中毒者の中にも、外地で覚醒剤を知った者が2名ある。こういう人たちが、日本内地でも他の慢性中毒者を作る一部のきっかけとなったことも考えられる。

(『覚醒剤中毒』)

覚醒剤を服用していた軍関係者が覚醒剤中毒となっただけでなく、その人々が媒介者となって、戦後社会に覚醒剤が広がっていった可能性も否定できない。

なお、麻薬の一つであるモルヒネも無視できないが、実態がよくわからない。モルヒネは負傷した兵士の鎮痛剤、鎮静剤として、軍隊では軍医や衛生兵によって使用されるが、モルヒネの不当取得によって、モルヒネ中毒となった軍関係者がいたようである。

歩兵第五八連隊の薬剤将校として、ビルマ戦線で従軍した生田實は、衛生下士官が携行する医療嚢のなかに収納されているはずのモルヒネが行方不明になっていたこと、モルヒネ中毒の軍医少佐から腹痛を理由にして再三にわたってモルヒネを要求されたこと、陸軍病院の看護婦が軍医の印鑑を不正使用してモルヒネを持ち出し常用していたこと、などの事実を回想している（『地獄のインパール・コヒマ作戦』）。

近年の「礼賛」と実際の「死の現場」

本書では、戦場の凄惨な現実を見すえることを重視してきた。それには、「はじめに」で述べたこと以外にも理由がある。端的に言えば、一九九〇年前後から日本社会の一部に、およそ非現実的で戦場の現実とかけ離れた戦争観が台頭してきたからである。その一つが、荒唐無稽な新兵器を登場させることによって戦局を挽回させたり、「もしミッドウェー海戦で日本海軍が勝利していたら」など、さまざまな「イフ」を設定することによって、実際の戦局の展開とは異なるアジア・太平洋戦争を描く「架空戦記」、「仮想戦記」ブームである。

『やっぱり勝てない？　太平洋戦争』（二〇〇五年）は、ブームの背景に「『日本は戦争に負けても戦艦大和は世界一』的な考え方」があると指摘する。さらに同書は、「仮想戦記類の、あまりに常軌を逸した展開」は、逆に「日本海軍は本当に強かったのだろうか？」という疑問をあらためて突きつけるとして、過大評価されている日本海軍の実力について、クールで説得的な分析を加えている。

その後、このブームは退潮するが、ここ数年は、竹田恒泰『日本はなぜ世界でいちばん人気があるのか』（二〇一一年）に代表される「日本礼讃本」がブームとなり、「日本の文化を外国人にほめてもらったり、海外での日本人の活躍ぶりを紹介したりするテレビ番組」も増えているという（『朝日新聞』二〇一五年三月一三日付）。

軍事の分野でも、井上和彦『大東亜戦争秘録　日本軍はこんなに強かった！』（二〇一六年）のように、「日本軍礼讃本」が目立ち始めている。

日本陸海軍を「礼讃」するような風潮の中心にあるのは、パラオ共和国のペリリュー島だろう。二〇一五年四月に明仁天皇・美智子皇后が「慰霊の旅」で訪問したことで注目を浴びるようになった。

フィリピン攻略作戦のための前進基地としてペリリュー島を確保しようとした米軍は一九四四年九月一五日に同島への上陸を開始した。それ以前の離島防衛戦では、日本軍は水際撃滅主義をとった。米軍の強襲上陸作戦能力を過小評価していたため、態勢が十分に整っていないと考えられた上陸直後に米軍に決戦を強い、一挙に撃滅するという作戦である。しかし、艦艇や航空機による砲爆撃と上陸軍の反撃によって決戦を挑んだ日本軍は敗退し、むしろ守備隊の崩壊を早める結果ともなった。

この戦訓に学んで、ペリリュー島の日本軍は、水際撃滅主義をとらず、堅固な陣地や洞窟に立てこもって粘り強く反撃したため、米軍も予想外の苦戦をよぎなくされた。戦闘がほぼ終わったのは守備隊長、中川洲男大佐が自殺した一一月二四日のことである。

日本軍の戦死者は約一万二二人、戦傷者は四四六人（捕虜となったものを含む）に達したが（『戦史叢書　中部太平洋陸軍作戦〈2〉』）、戦力に勝る米軍に多大の損害を与え日本軍の精強さを示した戦闘として、取り上げられることが多い。

たとえば、井上和彦の先にあげた著作では、「日本軍将兵は誰もが勇敢だった。そして強かった。いかなる敵にも怯まず、御国の楯となって堂々と戦った」と力説している。しかし、井上の著作も含め、米軍側の損害についてはあまり触れられることはない。

ペリリュー島及びその隣のアンガウル島での小規模な戦闘でのアメリカ側の損害は、第一海兵師団、第八一師団、海軍の合計で、戦死一九五〇人、戦傷八五一六人である。

また、上陸後一週間で、米軍は飛行場の制圧など、この作戦の戦略的目標を達成しているが、この間における戦死者・戦傷者数は三九四六人であり、全損害の三八％がこの期間に集中している（*Leyte*）。

米軍にとってたしかに大きな損害ではあるが、戦死者でくらべると、日本軍の一万二二人に対して一九五〇人にとどまること、米軍の損害の三八％は上陸作戦と飛行場の制圧作戦期間のものであることがわかる。

先に述べたように、通信網の寸断によって日本軍の指揮中枢は早い段階で失われ、部隊間の連絡もほとんど途絶えた。飛行場を制圧された後は、個々の孤立した日本軍将兵が非組織的な抵抗を続けていたのである。

さらに、日本軍戦没者のなかには、五四五人の朝鮮人軍属が含まれているが（『旧日本軍朝鮮半島出身軍人・軍属死者名簿』）、彼らの存在は、忘れさられようとしている。

日本側のペリリュー島の戦いに関する認識には、日本軍の戦闘力に対する過大評価とある種の思い入れがある。そして、そんな風潮が根強く残っているからこそ、戦場の凄惨な現実を直視する必要があるのだと思う。トラック諸島で従軍した俳人の金子兜太（かねことうた）氏が繰り返し強調する「死の現場」が、それである。

あとがき

一九五四年生まれの私は、「基地の町」で育った。米軍と航空自衛隊が共同利用していたジョンソン基地・入間基地のある埼玉県豊岡町（現・入間市）である。戦前は陸軍航空士官学校があった町でもある。そんな環境にあったせいか、子どもの頃は、熱心な「軍事オタク」だった。集英社から出ていた『ジュニア版　太平洋戦史』全六巻を貪（むさぼ）るように読んだことをよくおぼえている。趣味はプラモデル作りで、ドイツ軍の戦車や軍用機が好きだった。原っぱでは、友達と一緒にアメリカ人の子どもたちとよく喧嘩をした。大きな堅い土塊を投げつけ、竹の棒を持って「突撃」する肉弾戦である。

そんな子どもではあったが、勇壮な戦記ものに回収されない戦争の歴史があったことを、ぼんやりとではあるが感じることがあった。大きかったのは母方の祖父の存在である。祖父は名前を鬼盾（しこたて）といった。奇妙な名前だなと子ども心にも感じていたが、「醜（しこ）の御楯（みたて）」から取り、天皇を守る楯という意味だと教えられて複雑な気持ちがした。研究者になってから知ったことではあるが、曽祖父は幕末・維新期の国学者であり歌人だった。

祖父は押し入れのなかにいろいろなものを仕舞い込んでいたが、その一つが日本刀の真剣である。ときどきその日本刀を持たせてくれたが、ずしりとした感触にむしろ不気味なものを感じた。「人に話してはいけない」と言っていたので、不法所持していたものだろう。押し入れのなかには戦前・戦中の写真もあった。そのなかに何人もの人間が絞首刑にされて丸太に宙づりにされている写真があった。祖父に尋ねたところ、「朝鮮人だ」とぼそりと答えた。

大学に入った頃には、いままでの「戦記」とは異なる仕方で戦争や戦闘の歴史を調べてみたいという気持ちだけは、はっきりしていた。当時の歴史研究者のなかで、軍事史を研究していたのは、藤原彰、大江志乃夫、黒羽清隆、秦郁彦などのごく限られた人たちだけだったため、とりあえず軍事史を研究することを決め、この先生たちの研究から必死に学んだ。しかし、自分なりの分析方法を身につけることができず、卒論を書く頃にはかなり悩んだ。

手がかりを求めて、戦記作家の高木俊朗の一連の著作やフリードリヒ・エンゲルスの軍事論をやみくもに読んだ。その成果は卒論にはまったく生かせなかったが、いまから考えてみると、その後の私の軍事史研究は、この二人の著作からも大きな影響を受けている。高木からは、兵士の立ち位置から戦闘を分析するという視点を、エンゲルスからは、軍隊と社会との関係の歴史的変化という視点を学んだのだと思う。

大学院に入ってからは日本政治史のなかの軍部を研究テーマにしたが、一九八〇年代頃から戦争責任や戦争犯罪の問題にも取り組むようになった。ちょうど、その頃から日本人の歴史認識の問題がクローズアップされてきたこともあって、自治体や市民団体が主催する市民講座などで講演することが多くなった。

あるとき、私の講演の内容に明らかに反発を感じている元兵士が、戦争末期の関東軍の作戦計画について質問をした。満州の最前線でソ連軍と戦った人だった。ソ連参戦の場合はただちに撤退し朝鮮と満州の国境地帯付近に立てこもって持久戦を戦う計画だったと説明すると、天井を仰いで、「兵隊は哀しいなあ」と呟いた。軍上層部の作戦計画などまったく知らされることなく、ただ翻弄されるだけの存在だったという意味だろう。その一言が頭を離れなかった。

その後、二一世紀に入る前後から、会員の死去や高齢化にともなって全国組織を持つ戦友会の解散が相次いだ。一つの時代の終わりを告げる象徴的な出来事である。その頃から、無残な死を遂げた兵士たちの死のありようを書き残しておきたい気持ちが自分自身のなかで次第に強くなっていった。また、一九九九年に靖国偕行文庫が開室し、多くの部隊史や兵士の回想記を閲覧できるようになったことも、書き残したいという思いをいっそう強くした。そうした思いがまがりなりにも一つの形になったのが本書である。

最後に、本書の刊行にあたっては、中公新書編集部の白戸直人さんに、文体も含めて丁寧にチェックしていただいたことを記しておきたい。自分の文章、それも軍事史という特殊な分野についての文章がはたして次の世代に届くだろうか、という強い危惧を持ち始めたところだったので、白戸さんのアドバイスは本当にありがたかった。また、大学院生のキム・ユビ君と夏目諒平君にも資料の収集などで手助けをしてもらい、一橋大学ジュニア・フェローの中村江里さんからは貴重なアドバイスをいただいた。ともに記して感謝の意を表したい。

二〇一七年一〇月

吉田 裕

参考文献

・引用した一次史料は、主として靖国偕行文庫、アジア歴史資料センター、昭和館に所蔵されているものである。
・部隊史などで、高田歩兵第五十八連隊史編纂委員会編『高田歩兵第五十八連隊史』のように、編纂委員会名と書名が同一のものの場合は、編纂委員会名を省略した。
・文献のサブタイトルは、原則として省いた。

はじめに

田中宏巳『マッカーサーと戦った日本軍』ゆまに書房、二〇〇九年
防衛庁防衛研修所戦史室『戦史叢書』全一〇二巻、朝雲新聞社、一九六六～八〇年
佐々木春隆『B29基地を占領せよ』光人社NF文庫、二〇〇八年
「兵站地帯の常識〈第1回〉」、『幹部学校記事』第一二号、一九五四年

序　章

山田朗『兵士たちの戦場』岩波書店、二〇一五年
藤田豊『春訪れし大黄河』非売品、一九七七年
北支那方面軍司令部「兵団長会同席における方面軍参謀長口演要旨」、一九四一年一〇月三日（軍事極秘）
支那派遣軍総司令部「中支那における軍人軍属思想状況 半年報」、一九四一年八月二〇日（極秘）
戦史編集委員会編『歩兵第二百十六連隊戦史』非売品、一九七七年
「小倉庫次侍従日記」、『文藝春秋』二〇〇七年四月号
陸上自衛隊衛生学校修親会編『陸軍衛生制度史〔昭和篇〕』原書房、一九九〇年
田中正徳「野戦病院歯科診療経験」、『臨牀歯科』第一二巻第一号、一九四〇年
瀬戸安雄「野戦歯科治療の現況報告」、同右
大野粛英『歯』法政大学出版局、二〇一六年
陸上自衛隊衛生学校編『大東亜戦争陸軍衛生史5』非売品、一九六八年
越川兼治「一命を捧げて」、歯科ペンクラブ編『太平洋戦争と歯科医師』非売品、一九八四年

小池猪一編『海軍医務・衛生史Ⅲ』柳原書店、一九八六年

金原節三『陸軍省業務日誌摘録　前編』現代史料出版、二〇一六年

参謀本部編『杉山メモ（上）』原書房、一九六七年

吉田裕・森茂樹『戦争の日本史23　アジア・太平洋戦争』吉川弘文館、二〇〇七年

宮内庁『昭和天皇実録　第八』東京書籍、二〇一六年

宮内庁『昭和天皇実録　第九』東京書籍、二〇一六年

朝枝少佐・堀少佐「比島作戦より得たる教訓並びに所見」、一九四五年二月五日（軍事極秘）

Allied Translator and Interpreter Section, GHQ/SWPA, "Self-Immolation as a Factor In Japanese Military Psychology (10-RR-76)", ***Wartime translations of seized Japanese documents: allied translator and interpreter section reports 1942-1946***, (Bethesda, MD, CIS,1988) 国会図書館憲政資料室所蔵

大江志乃夫監修『支那事変大東亜戦争間　動員概史』不二出版、一九八八年

編集委員会監修『援護50年史』ぎょうせい、一九九七年

編集委員会編『やすくにの祈り』産経新聞ニュースサービス、一九九九年

吉田裕『アジア・太平洋戦争』岩波新書、二〇〇七年

『福井新聞』二〇一四年一二月八日付

『朝日新聞』二〇一五年八月一三日付

岩手県編『援護の記録』非売品、一九七二年

John W.Dower, *War without Mercy, Race & Power in the Pacific War*, New York, 1986

第1章

吉田裕「アジア・太平洋戦争の戦場と兵士」、倉沢愛子ほか編『岩波講座　アジア・太平洋戦争5　戦場の諸相』岩波書店、二〇〇六年

陸戦学会戦史部会編『近代戦争史概説（資料集）』陸戦学会、一九八四年

支駐歩一会編『支那駐屯歩兵第一連隊史』非売品、一九七四年

鳥沢義夫『大陸縦断八〇〇〇キロ』非売品、一九七七年

藤原彰『餓死した英霊たち』青木書店、二〇〇一年

秦郁彦『旧日本陸海軍の生態学』中央公論新社、二〇一四年

陸上自衛隊衛生学校『大東亜戦争陸軍衛生史（比島作戦）』非売品、一九八四年

宮本三夫『太平洋戦争　喪われた日本船舶の記録』成山堂書店、二〇〇九年

金原節三「陸軍省業務日誌摘録　後編　その8のハ」、防衛省防衛研究所戦史研究センター所蔵

伊藤隆他編『東條内閣総理大臣機密記録』東京大学出版会、一九九〇年

田村幸雄「第一線における戦力増強と給養」、『陸軍主計団記事』一九四三年八月号

戦記刊行委員会『ソロモンの陸戦隊　佐世保鎮守府第六特別陸戦隊戦記』非売品、一九七九年

露木萌「マラリアと赤痢と脚気と」、『ビルマ北から南まで「安」第二野戦病院の記録』非売品、一九八八年

飯島渉『マラリアと帝国』東京大学出版会、二〇〇五年

金原節三「陸軍省業務日誌摘録　後編　その8のロ」、防衛省防衛研究所戦史研究センター所蔵

参考文献

棚野巌「戦争栄養失調論」、発行年未詳、タイプ印刷
清水勝嘉編『戦争栄養失調症関係資料』不二出版、一九八八年
難波光重「いわゆる戦争栄養失調症五一例の病理解剖学的研究」、『軍医団雑誌』第三五四号、一九四二年
野田勝久編『南方地域現地自活教本』不二出版、一九九九年より再引
青木徹『秘録・戦争栄養失調症』コルベ出版社、一九七九年
野田正彰『戦争と罪責』岩波書店、一九九八年
池田貞枝『太平洋戦争沈没艦船遺体調査大鑑』戦没遺体収揚委員会、一九七七年
大江志乃夫『日露戦争の軍事史的研究』岩波書店、一九七六年
荒川憲一「研究ノート　対日通商破壊戦の実相」、『軍事史学』第二〇三号、二〇一五年
福岡良男『軍医のみた大東亜戦争』暁印書館、二〇〇四年
小野塚一郎『戦時造船史』今日の話題社、一九八九年
軍令部第十二課「護衛船団幕僚体験談摘録」、一九四四年六月一二日
大本営陸軍部「戦訓報　第四十九号　海難対策に関する教訓」（秘）、白井明雄編『「戦訓報」集成3』芙蓉書房出版、二〇〇三年
駒宮真七郎『戦時船舶史』非売品、一九九一年
国立歴史民俗博物館『戦争体験の記録と語りに関する資料調査1』、二〇〇四年
吉村昭『総員起シ』文春文庫、一九八〇年
山田淳一『比島派遣一軍医の奮戦記』非売品、一九九二年
国見寿彦「水中爆傷について」、三枝正裕編『温故知新』非売品、一九九三年
波多野克己『ラバウル洞窟病院』金剛出版、一九七一年
佐藤衛『雲騰る海』非売品、一九九〇年
土井全二郎『撃沈された船員たちの記録』光人社NF文庫、二〇〇八年
高市近雄「歩・騎兵連隊と軍旗⑤」、『偕行』一九八八年九月号
伊藤隆編『高木惣吉　日記と情報（下）』みすず書房、二〇〇〇年
栗原俊雄『特攻—戦争と日本人』中公新書、二〇一五年
Samuel Eliot Morison, *Victory in the Pacific 1945*, Annapolis, 2012
橋本義雄「零戦特攻の戦法」、土居良三編『学生特攻　その生と死　海軍第十四期飛行予備学生の記録』国書刊行会、二〇〇四年
マクスウェル・テイラー・ケネディ『特攻』ハート出版、二〇一〇年
憲兵司令部「最近における軍人軍属の自殺について」、『偕行社記事』特報第三九号、一九三八年
桜井図南男「軍隊における自殺並に自殺企図の医学的考察」、『軍医団雑誌』第三二六号、一九三九年
吉田裕『現代歴史学と軍事史研究』校倉書房、二〇一二年
西地保正『神に見放された男たち』クレオ、一九九五年
小笠原戦友会編『小笠原兵団の最後』原書房、一九六九年
秦郁彦『日本人捕虜（上）』原書房、一九九八年
近野寿男「ノモンハン事件における関東軍衛生勤務の大要」、『軍医団雑誌』第三二七号付録、一九四〇年
川嶋みどり他『戦争と看護婦』国書刊行会、二〇一六年
前原透『日本陸軍用兵思想史』天狼書店、一九九四年

陸軍航空総監部『空中勤務者の嗜』、一九四一年
近藤新治「ガダルカナル作戦の考察（1）」、防衛庁防衛研修所戦史室編『戦史の考察』非売品、一九七四年
軍事史学会編『宮崎周一中将日誌』錦正社、二〇〇三年
種村清『生かされて生きる』非売品、一九九四年
黒岩正幸『インパール兵隊戦記』光人社NF文庫、一九九九年
平岡久『戦争と飢えと兵士』BooKs成錦堂、一九八八年
大島六郎『処置と脱出』牧野出版、一九七七年
NHK「戦争証言」プロジェクト『証言記録 兵士たちの戦争①〜⑦』（NHK出版、二〇〇九〜一二年）
井上咸『敵・戦友・人間』昭和出版、一九七九年
古賀保夫『死者の谷』昭和出版、一九八〇年
伊藤篤『戦塵風塵抄』非売品、一九八一年
陸上自衛隊衛生学校『衛生戦史 フーコン 硫黄島作戦』非売品、一九七五年
中野信夫『靖国街道』京都社会労働問題研究所、一九七七年
刊行委員会編『白の十字架 第六十三兵站病院追想記』非売品、一九六八年
田中利幸『知られざる戦争犯罪』大月書店、一九九三年
NHK取材班・北博昭『戦場の軍法会議』NHK出版、二〇一三年

第2章

「衛生部関係法規抜萃」、『軍医団雑誌』第三二二号、一九四〇年
大江志乃夫『徴兵制』岩波新書、一九八一年
山崎正男「軍動員関係事項の概説」、石川準吉『国家総動員史（上）』刊行会、一九八三年
第六八師団軍医部「衛生史編纂資料」、一九四五年一二月一〇日
加藤三雄「太平洋戦争従軍手記より（3）」、編集委員会編『第三師団衛生隊 回顧録』非売品、一九七九年
西沢保『実録 戦場の素顔』非売品、一九八九年
桑島節郎『遥かなる華北』茨城新聞社出版部、一九八四年
浅井利勇「精神薄弱者及び精神病質者対策」、諏訪敬三郎編『第二次大戦における精神神経学的経験』非売品、一九六六年
第二二師団長「軍中自殺事件状況報告」、一九四二年七月六日
「昭和十八年軍医部長会議における医務局長 野戦衛生長官指示」、『軍医団雑誌』特第一号、一九四三年
青木正和『結核の歴史』講談社、二〇〇三年
「地方衛生技術官等会同席上における陸軍省医事課長口演要旨」、一九三九年六月
川崎春彦『日中戦争 一兵士の証言』光人社NF文庫、二〇〇五年
津村敏行『あゝ応召兵』講談社、一九七八年
大月俊夫「昭和〇〇年度歯科患者の口腔診査成績について」、『軍医団雑誌』第三五〇号、一九四二年
海光寺会編『支那駐屯歩兵第二連隊誌』非売品、一九七七年
防衛庁防衛研修所戦史室『戦史叢書 支那事変陸軍作戦〈3〉』朝雲新聞社、一九七五年
野戦経理長官部『支那事変の経験に基く経理勤務の参考（第二輯）』、一九三九年三月
藤野豊編『大同保育隊報告』不二出版、二〇〇八年

西川理助「内務指導上胸部疾患を如何にして予防すべきや」、『偕行社記事　特号』第八一一号、一九四二年
大鈴弘文「軍陣内科」、陸上自衛隊衛生学校『大東亜戦争陸軍衛生史6』非売品、一九六八年
偕行社編纂部「健兵対策座談会記事」、『偕行社記事　特号』第八一五号、一九四二年
清野寛・井上数雄・平福一郎「集団胸部レントゲン検査について（其一）」、『軍医団雑誌』第三二二号、一九四〇年
星野列「私の戦中記」、広島県医師会編『傷痕』非売品、一九七六年
酒匂正明「戦争体験の記録」、鹿児島県医師会編『あゝ痛恨戦争体験の記録』非売品、一九七八年
高木俊一郎『私の歩んだ道』非売品、一九八五年
五十嵐衡・浅井利勇「軍隊における集団智能検査について」、前掲、『第二次大戦における精神神経学的経験』
第一六師団第二野戦病院「昭和十八年七月一日　昭和十八年十二月三十一日『レガスピー』野戦病院歯科業務詳報」
編纂室編『歯科医事衛生史　後巻』非売品、一九五八年
臨時軍事調査委員『交戦諸国の陸軍について（第四版）』偕行社、一九一九年
Allied Translator and Interpreter Section, GHQ/SWPA, "Dental Service in the Japanese Army (10-RR-76)", *Wartime translations of seized Japanese documents: allied translator and interpreter section reports 1942-1946* (Bethesda, MD, CIS,1988) 国会図書館憲政資料室所蔵
浅野頼雄『海軍歯科医大尉』非売品、一九八五年
飯田邦光『増上寺の新兵物語』叢文社、一九八四年
新井利男・藤原彰編『侵略の証言』岩波書店、一九九九年
木下博民『戦場彷徨』ヒューマン・ドキュメント社、一九八七年
柳沢玄一郎『軍医戦記　生と死のニューギニア戦』光人社ＮＦ文庫、二〇〇三年
清水寛編著『日本帝国陸軍と精神障害兵士』不二出版、二〇〇六年
中村江里『戦争とトラウマ――不可視化された日本兵の戦争神経症』吉川弘文館、二〇一八年
斎藤茂太「国府台の人びと」、浅井利勇編著『うずもれた大戦の犠牲者』非売品、一九九三年
小西良吉「中攻隊のサムライたち」、高橋勝作ほか『海軍陸上攻撃隊』今日の話題社、一九八五年
巌谷二三男『中攻』原書房、一九七六年
内村祐之『わが歩みし精神医学の道』みすず書房、一九六八年
内村祐之「精神疲労の基礎的考察」、『日本医事新報』第一一二二号、一九四四年
猪初男ほか「日本海軍医務衛生史」、前掲、『温故知新』
若林宣『戦う広告』小学館、二〇〇八年
編纂委員会編『大日本製薬六十年史』非売品、一九五七年
坂井三郎『零戦の真実』講談社、一九九二年
竹村多一・横沢弥一郎「除倦覚醒剤の作用について（第一報）」『海軍々医会雑誌』第三二巻第六号、一九四三年
神田恭一『横須賀海軍航空隊始末記』光人社、一九八七年
防衛庁防衛研修所戦史部『戦史叢書　陸軍航空作戦基盤の建設運用』朝雲新聞社、一九七九年
四至本広之烝『隼　南溟の果てに』戦誌刊行会、一九八四年

亀田信夫「航空衛生」、石川元雄「軍陣衛生」、陸上自衛隊衛生学校編『大東亜戦争陸軍衛生史8』非売品、一九六九年
宗像小一郎「最後の衛生材料廠」、二七会編『続・陸軍薬剤将校追想録』非売品、一九九二年
野戦衛生長官「空中勤務者患者の収療に関する指示」、一九四四年三月一日
上木利正『ニューギニア　空中戦の果てに』戦誌刊行会、一九八二年
室生忠『覚せい剤』三一書房、一九八二年
長谷川慶太郎編『情報戦の敗北—日本近代と戦争1』PHP研究所、一九八五年
田中慶美『陸軍人事制度概説　後巻』防衛研修所戦史部、一九八一年
浅岡晃夫「最近における軍隊縫装工場の実況を明らかにしその改善方策を述ぶ」、『陸軍主計団記事』一九四三年四月号
旭川師団経理部会編『旭川師団経理部を想う』非売品、一九九九年
稲川實『西洋靴事始め』現代書館、二〇一三年
大岡昇平『靴の話　大岡昇平戦争小説集』集英社文庫、一九九六年
那須三男『るそん回顧』元就出版社、二〇〇九年
陸軍省印刷『現地自活（衣糧）の勝利』、一九四三年
宮川三郎編『日本産業史2』非売品、一九五〇年
日本皮革株式会社編『日本皮革株式会社五十年史』非売品、一九五七年
李佳炯『怒りの河』連合出版、一九九五年
田部幸雄「弱兵、患者部隊の撤退」、編集委員会編『歩兵第五十一連隊史』非売品、一九七〇年
伊藤恭蔵「補充隊より戦線へ」、有富部隊誌編纂委員会編『馬繋杭』非売品、一九九〇年
姫路第139連隊戦友会編『遥かなり大陸の戦野』非売品、一九九三年
細田春五郎「昭和十九年徴集現役兵受領」、幸道会編集委員会編『北中支戦線　戦史と回顧』非売品、一九七〇年
『帝国陸軍　戦場の衣食住』学習研究社、二〇〇二年
工友会編『続　陸軍工兵学校』非売品、一九八五年
神波賀人『護衛なき輸送船団』戦誌刊行会、一九八四年

第3章

黒野耐『帝国国防方針の研究』総和社、二〇〇〇年
江頭義信『日本一歩いた「冬」兵団』葦書房、一九九三年
加登川幸太郎『日本陸軍の実力』第二集、非売品、一九九六年
大本営陸軍部『これだけ読めば戦は勝てる』（部外秘）、発行年の記載なし
溝部竜『南方作戦に応ずる陸軍の教育訓練』防衛研修所戦史部、一九八五年
佐々木春隆『華中作戦』光人社NF文庫、二〇〇七年
戸髙一成『聞き書き　日本海軍史』PHP研究所、二〇〇九年
秦郁彦『太平洋戦争航空史話（上）』冬樹社、一九八〇年
大屋角造「欧米課」、『歴史と人物　実録　日本陸海軍の戦い』中央公論社、一九八五年
林栃三・桜井文夫「陸軍歩兵学校物語②」、『偕行』一九八六年二月号
小林忠雄ほか「陸軍歩兵学校座談会②」、『偕行』一九八六年五

月号
教育総監部『米英軍常識』、一九四三年一二月（部外秘）
大本営陸軍部「戦訓速報　第一一号」、白井明雄編『「戦訓報」集成4』芙蓉書房出版、二〇〇三年
大本営陸軍部『敵軍戦法早わかり（米軍の上陸作戦）』、一九四四年九月二四日付（秘）
堀栄三『大本営参謀の情報戦記』文藝春秋、一九八九年
大本営陸軍部「戦訓特報第二四号　沖集団『タロキナ』作戦の教訓」（極秘）、白井明雄編『「戦訓報」集成1』芙蓉書房出版、二〇〇三年
教育総監部一課員「現下の対戦車戦闘について」、『偕行社記事特号』第八四一号、一九四四年
教育総監部『対戦車戦闘の参考』、一九四四年七月（極秘）
林三郎『太平洋戦争陸戦概史』岩波新書、一九五一年
編纂部「比島便り」、『機甲』一九四二年五月号
葛原和三『日本陸軍の第一次世界大戦史研究成果の近代戦への反映』防衛研究所戦史部、二〇〇一年
「南方経理勤務座談会（一）」、『陸軍主計団記事』一九四四年四月号
中園裕『新聞検閲制度運用論』清文堂出版、二〇〇六年
吉田裕「なぜ、戦線は拡大したのか」、NHKスペシャル取材班編著『日本人はなぜ戦争へと向かったのか―果てしなき戦線拡大編』新潮文庫、二〇一五年
佐々木重蔵『日本軍事法制要綱』巌松堂書店、一九三九年
美山要蔵編『天皇親率の実相』非売品、一九五八年（タイプ印刷）、美山は厚生省引揚援護局次長
吉田裕「戦局の展開と東条内閣」、『岩波講座日本歴史18』岩波書店、二〇一五年
早尾乕雄「戦場心理の研究（総論）」、岡田靖雄解説『戦場心理の研究1』不二出版、二〇〇九年
吉田裕『日本の軍隊』岩波新書、二〇〇二年
野戦重砲兵第九連隊戦友会『馬と轍別冊　画集で綴る軍隊生活』非売品、一九八九年
太田毅「内務班・地獄の日々」、福岡県総務部県政情報課編『わたしの戦争体験』非売品、一九九六年
石井敬悟「生と死」、広島県医師会編『傷痕Ⅱ』非売品、一九八五年
菅野保之『増訂　陸軍刑法原論』松華堂書店、一九四一年
北博昭編『陸軍軍法会議判例類集1』不二出版、二〇一五年
佐藤貞『軍隊まんだら』新風舎、二〇〇四年
弓削欣也「大東亜戦争期の日本陸軍における犯罪及び非行に関する一考察」、『戦史研究年報』第一〇号、二〇〇七年
北支那派遣憲兵隊司令部「北支における奔敵事犯とこれが警防対策」、一九四三年一二月一六日
無署名「越境入『ソ』兵の処刑に際し軍隊教育者としての指導力を再反省す」、『完勝』第五号、一九四二年
陸密第二五五号別冊第七号『軍紀風紀上等要注意事例集』、一九四四年六月（軍事機密）
J・B・コーヘン『戦時戦後の日本経済（下）』岩波書店、一九五一年
帝国在郷軍人会本部『軍国家庭読本　締めよ、こころ』、一九三九年
原剛「本土防空通信に任じた女子通信隊員」、『軍事史学』第一六四号、二〇〇六年

矢野茂子「女通時代の回想」、八丈三原会編『若き日の防人たち』非売品、一九八一年
高野邦夫『軍隊教育と国民教育』つなん出版、二〇一〇年
荻野末雄「ああ海兵団、わが青春の第一歩」、海軍特年会編『海軍特別年少兵』国書刊行会、一九八四年
全国海員学校後援会編『海員学校50年の歩み』非売品、一九九〇年
沖之悠「千島に眠る少年海員の霊に」、全日本海員組合監修『海なお深く』新人物往来社、一九八六年
編集委員会編『日本陸軍獣医部史』非売品、二〇〇〇年
清野謙六郎「国産自動車の改善策」、『軍事と技術』一九四〇年四月号
独立速射砲第五大隊「自昭和十七年一月五日　至昭和十七年三月十四日　『ジャバ』攻略戦行動詳報」（軍事機密）
青木袈裟美『行軍病提要』一九三六年
出口鉄也「武装方法の衛生学的研究　第二報」、『軍医団雑誌』第三三一号、一九四〇年
河原剛「大陸縦断一万二千粁」、二十三期みどり会編『陸軍軍医学校第二十三期生と太平洋戦争』非売品、一九九〇年
教育総監部『山岳地帯行動の参考』、一九四四年一月（秘）
陸軍大臣「昭和十八年全国徴兵事務状況」、一九四四年五月四日
歩兵第二八連隊長「衛生概況報告」、一九三四年六月二一日
編纂委員会編『高田歩兵第五十八連隊史』非売品、一九八二年
金子福司「重い背のう」、編纂委員会編『歩兵第二一五連隊戦記』非売品、一九七二年
中与利雄「湘桂作戦を想う」、編纂委員会編『野戦の想い出』非売品、一九八五年
小数賀良二「研究ノート　ニューギニア戦にみる日本陸軍の飛行場設定」、『軍事史学』第一八四号、二〇一一年
防衛庁防衛研修所戦史室『戦史叢書　海軍航空概史』朝雲新聞社、一九七六年
山崎三朗『海軍設営戦記』図書出版社、一九八一年
佐用泰司・森茂『基地設営戦の全貌』鹿島建設技術研究所出版部、一九五三年
刊行委員会編『海軍施設系技術官の記録』非売品、一九七二年
NHK「戦争証言」プロジェクト『証言記録　兵士たちの戦争①』NHK出版、二〇〇九年
電波監理委員会『日本無線史9』非売品、一九五一年
木俣滋郎『帝国陸軍兵器考』雄山閣出版、一九七四年
平櫛孝『サイパン肉弾戦』光人社NF文庫、二〇〇六年
大本営陸軍部「戦訓特報　第三九号『ペリリウ』『アンガウル』島作戦の教訓」、白井明雄編『「戦訓報」集成2』芙蓉書房出版、二〇〇三年
陸軍通信学校「自昭和十八年三月　至昭和十九年六月　通信に関する戦訓蒐録」（極秘）
野元巳郎『大陸通信戦記』図書出版社、一九八五年
小柴典居『死闘天宝山　新装改訂版』叢文社、一九九五年
米陸軍省編『日本陸軍便覧』光人社、一九九八年
山田朗『近代日本軍事力の研究』校倉書房、二〇一五年
柴原廣彌著・井原憲彌編『里の秋を聞き乍』鳥影社、二〇〇二年
姫路第一三九連隊戦友会編『遥かなり大陸の戦野』非売品、一九九三年

若松会編『陸軍経理部よもやま話』非売品、一九八二年
編纂委員会編『日本ミシン産業史』非売品、一九六一年
編纂委員会編『蛇の目ミシン創業五十年史』非売品、一九七一年
森周一『製麻』ダイヤモンド社、一九三八年
帝国製麻株式会社編『帝国製麻株式会社五十年史』非売品、一九五九年

終章

「日本におけるマラリア」、国立感染症研究所感染症情報センター『月報IASR』第二一三号、一九九七年
小田俊郎『再発マラリアの予後及び治療』日本医書出版、一九四七年
大鶴正満「戦後マラリアの流行学的研究」、『日本医事新報』第一四七〇号、一九五二年
大鶴正満・加茂甫「覚醒剤常用者の間に発生したマラリアについて」、『日本医事新報』第一五五五号、一九五四年
田中英俊『改稿　湖南進軍譜』白日社、二〇一〇年
山寺三七「斗病の記」、ラバウル経友会編『ラバウル』非売品、一九八〇年
森鉄樹「東部ニューギニア作戦の給養は?」、『十誠』第七号、一九七八年
小澤孝太郎『燃え尽きた青春』非売品、一九八九年
園田直「水虫を治した十七年」、『文藝春秋』一九五六年八月号
塚田義明『戦艦武蔵の最後』光人社NF文庫、二〇〇一年
本山重雄「汗疱状白癬（いわゆる水虫）の治療に関する新考案」、『海軍軍医会雑誌』第三二巻第三号、一九四三年
萩原弘道『日本栄養学史』国民栄養協会、一九六〇年
渡辺洋二『日本本土防空戦』徳間書店、一九七九年
黒鳥四朗著・渡辺洋二編『回想の横空夜戦隊』光人社、二〇〇二年
立津政順・後藤彰夫・藤原豪『覚醒剤中毒』医学書院、一九五六年
生田實『地獄のインパール・コヒマ作戦』熊本日日新聞情報センター、一九九一年
吉田裕『日本人の戦争観』岩波現代文庫、二〇〇五年
制作委員会『やっぱり勝てない？　太平洋戦争』並木書房、二〇〇五年
竹田恒泰『日本はなぜ世界でいちばん人気があるのか』PHP新書、二〇一一年
「日本をほめるテレビ番組が増えているのは？」、『朝日新聞』二〇一五年三月一三日付
井上和彦『大東亜戦争秘録　日本軍はこんなに強かった！』双葉社、二〇一六年
防衛庁防衛研修所戦史室『戦史叢書　中部太平洋陸軍作戦〈2〉』朝雲新聞社、一九六八年
Samuel Eliot, Morison, *Leyte*, Annapolis, 2011
菊池英昭編著『旧日本軍朝鮮半島出身、軍人・軍属死者名簿』新幹社、二〇一七年
金子兜太『あの夏、兵士だった私』清流出版、二〇一六年

	11	ペリリュー島の日本軍守備隊全滅．マリアナ諸島のB29，本土を初空襲
1945（昭和20）	1	米軍，ルソン島に上陸
	2	近衛文麿，敗戦必至と上奏．連合国首脳のヤルタ会談
	3	国民勤労動員令公布．東京大空襲．大阪空襲．硫黄島守備隊全滅
	4	米軍，沖縄本島上陸．小磯内閣総辞職．鈴木貫太郎内閣成立．中国戦線の縮小開始
	5	英軍，ラングーン占領．独，無条件降伏
	6	御前会議，「今後採るべき戦争指導の基本大綱」（本土決戦方針）決定．義勇兵役法公布．沖縄守備隊全滅
	7	ポツダム宣言発表
	8	広島に原爆投下．ソ連，対日宣戦布告．長崎に原爆投下．御前会議，ポツダム宣言受諾を決定．戦争終結の詔書を放送（玉音放送）．東久邇宮稔彦内閣成立．マッカーサー元帥，厚木に到着
	9	日本政府，降伏文書に調印．ソ連軍，千島列島全域を占領

	7 大本営，FS作戦（米豪遮断作戦）中止決定．日本軍，東部ニューギニアでの作戦開始 8 米軍，ガダルカナル島上陸 10 南太平洋海戦
1943（昭和18）	1 日本軍ブナ守備隊全滅 2 ガダルカナル島撤退開始．スターリングラードの独軍降伏 3 兵役法改正（朝鮮に徴兵制導入）．戦時行政職権特例公布 4 連合艦隊司令長官山本五十六大将，ブーゲンビル島上空で戦死 5 アッツ島の日本軍守備隊全滅．北アフリカの独伊軍降伏 9 御前会議，「今後採るべき戦争指導の大綱」決定（絶対国防圏の設定）．伊，無条件降伏 10 学生・生徒の徴集猶予停止（学徒出陣） 11 軍需省設置．兵役法改正（台湾に徴兵制導入）．大東亜会議開催．海上護衛総司令部設置．マキン・タラワ両島の日本軍守備隊全滅．連合国首脳のカイロ，テヘラン会談 12 徴兵適齢1年引き下げ
1944（昭和19）	2 マーシャル諸島の日本軍守備隊全滅．米機動部隊、トラック島を大空襲．東条首相・陸相，参謀総長兼任．嶋田海相，軍令部総長兼任 3 インパール作戦開始（7月，作戦中止） 4 大陸打通作戦開始（1945年2月まで） 5 米軍，ビアク島に上陸 6 米軍，サイパン島上陸（7月，守備隊全滅）．マリアナ沖海戦．連合軍，ノルマンディー上陸 7 東条内閣総辞職．小磯国昭内閣成立 8 グアム・テニアン両島の日本軍守備隊全滅．連合軍，パリ解放 10 米軍，レイテ島に上陸．レイテ沖海戦．神風特攻隊出撃

アジア・太平洋戦争 略年表

年	事項
1940（昭和15）	1 陸軍身体検査規則改正 5 宜昌作戦開始（7月まで） 7 第2次近衛文麿内閣成立．大本営政府連絡会議，武力南進決定 9 北部仏印進駐．日独伊三国同盟締結 10 大政翼賛会発会
1941（昭和16）	1 「戦陣訓」布達 4 日ソ中立条約調印．日米交渉開始 6 独ソ戦開始 7 御前会議，「情勢の推移に伴う帝国国策要綱」決定．関特演発動．第3次近衛内閣成立．米，在米日本資産凍結．南部仏印進駐 8 米，対日石油輸出完全禁止．関特演中止．ルーズベルトとチャーチル，大西洋憲章発表 9 御前会議，「帝国国策遂行要領」決定 10 東条英機内閣成立 11 御前会議，「帝国国策遂行要領」決定．米国務長官，ハル・ノート提示 12 御前会議，対米英蘭開戦を最終決定．日本軍，マレー半島上陸・ハワイ真珠湾攻撃．マレー沖海戦．グアム島占領．香港占領
1942（昭和17）	1 日本軍，マニラ・ラバウル占領 2 日本軍，シンガポール占領 3 大本営政府連絡会議，「今後採るべき戦争指導の大綱」決定．日本軍，ジャワ島占領 4 日本軍，バターン半島占領．米機動部隊，日本本土初空襲．翼賛選挙 5 珊瑚海海戦．浙贛作戦開始（8月まで）．日本軍，ビルマ占領 6 ミッドウェー海戦

吉田　裕（よしだ・ゆたか）

1954（昭和29）年生まれ．77年東京教育大学文学部卒．83年一橋大学大学院社会学研究科博士課程単位取得退学．83年一橋大学社会学部助手，助教授を経て，96年一橋大学社会学部教授．2000年一橋大学大学院社会学研究科教授．現在は一橋大学名誉教授，東京大空襲・戦災資料センター館長．専攻・日本近現代軍事史，日本近現代政治史．本書で第30回アジア・太平洋賞特別賞，新書大賞を受賞．
著書『昭和天皇の終戦史』（岩波新書，1992年）
『日本人の戦争観』（岩波現代文庫，2005年／原著は1995年）
『アジア・太平洋戦争』（岩波新書，2007年）
『現代歴史学と軍事史研究』（校倉書房、2012年）
『兵士たちの戦後史』（岩波現代文庫，2020年／原著は2011年）
『続・日本軍兵士――帝国陸海軍の現実』（中公新書，2025年）他

日本軍兵士（にほんぐんへいし）
――アジア・太平洋洋戦争の現実（たいへいようせんそうのげんじつ）
中公新書 *2465*

2017年12月25日初版
2025年 6 月30日22版

著　者　吉田　裕
発行者　安部順一

本文印刷　三晃印刷
カバー印刷　大熊整美堂
製　本　フォーネット社

発行所　中央公論新社
〒100-8152
東京都千代田区大手町 1-7-1
電話　販売　03-5299-1730
　　　編集　03-5299-1830
URL https://www.chuko.co.jp/

Published by CHUOKORON-SHINSHA, INC.
Printed in Japan　ISBN978-4-12-102465-7 C1221

中公新書

現代史

f1

- 2105 昭和天皇　古川隆久
- 2687 天皇家の恋愛　森　暢平
- 2309 朝鮮王公族—帝国日本の準皇族　新城道彦
- 2482 日本統治下の朝鮮　木村光彦
- 632 海軍と日本　池田　清
- 2842 近代日本の対中国感情　金山泰志
- 2703 帝国日本のプロパガンダ　貴志俊彦
- 2754 関東軍—満洲支配への独走と崩壊　及川琢英
- 2192 政友会と民政党　井上寿一
- 1138 キメラ—満洲国の肖像（増補版）　山室信一
- 2144 昭和陸軍の軌跡　川田　稔
- 2587 五・一五事件　小山俊樹
- 76 二・二六事件（増補改版）　高橋正衛
- 2657 平沼騏一郎　萩原　淳
- 795 南京事件（増補版）　秦　郁彦
- 84・90 太平洋戦争（上下）　児島　襄
- 2707 大東亜共栄圏　安達宏昭
- 2465 日本軍兵士—アジア・太平洋戦争の現実　吉田　裕
- 2838 続・日本軍兵士—帝国陸海軍の現実　吉田　裕
- 2525 硫黄島　石原　俊
- 2798 日ソ戦争　麻田雅文
- 2015 「大日本帝国」崩壊　加藤聖文
- 244・248 東京裁判（上下）　児島　襄
- 2296 日本占領史 1945-1952　福永文夫
- 2411 シベリア抑留　富田　武
- 2471 戦前日本のポピュリズム　筒井清忠
- 2171 治安維持法　中澤俊輔
- 2806 言論統制（増補版）　佐藤卓己
- 828 清沢洌（増補版）　北岡伸一
- 2638 幣原喜重郎　熊本史雄
- 1243 石橋湛山　増田　弘
- 2796 堤康次郎　老川慶喜